1日 5級の復習テスト(1)

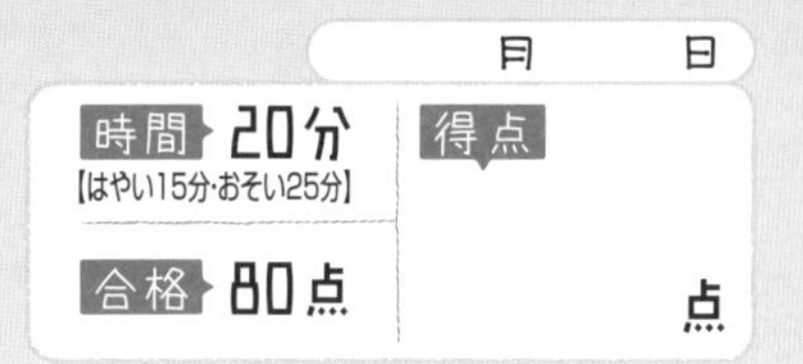

1 かけ算をしなさい。(1つ5点)

① 3×0.5

② 700×0.9

③ 80×0.06

④ 0.8×0.3

⑤ 0.05×0.06

⑥ 0.09×0.07

2 かけ算をしなさい。(1つ5点)

① 5.7×80

② 0.95×780

③ 0.49×6300

④ 73×6.9

⑤ 497×72.8

⑥ 55×0.84

⑦ 68×0.075

⑧ 807×0.959

⑨ 3.8×4.5

⑩ 0.94×9.6

⑪ 8.5×0.56

⑫ 61.7×3.9

⑬ 4.87×0.67

⑭ 0.836×0.098

5級の復習テスト(2)

時間 20分【はやい15分·おそい25分】
合格 80点
得点　　点

1 わり算をしなさい。(1つ5点)

① 49÷0.7　② 270÷0.3

③ 6÷0.01　④ 36÷0.06

⑤ 3200÷0.008　⑥ 2.4÷0.4

⑦ 8.1÷0.009　⑧ 0.56÷0.007

2 わり算をしなさい。ただし，①～⑤はわり切れるまで計算し，⑥は商を $\frac{1}{10}$ の位までのがい数，⑦は商を上から２けたのがい数にし，⑧は商を一の位まで求め余(あま)りも出し，⑨は商を $\frac{1}{10}$ の位まで求め余りも出しなさい。

(①～③1つ6点，④～⑨1つ7点)

① $800\overline{)5920}$　② $0.75\overline{)36}$　③ $0.9\overline{)46.8}$

④ $0.8\overline{)4.66}$　⑤ $0.56\overline{)4.34}$　⑥ $4.7\overline{)15.1}$

⑦ $0.94\overline{)1.27}$　⑧ $0.73\overline{)35.4}$　⑨ $8.6\overline{)43.2}$

5級の復習テスト(3)

月　日

時間 20分【はやい15分・おそい25分】　得点

合格 80点　点

1 かけ算をしなさい。(1つ5点)

① 8×0.3　② 18×0.2

③ 70×0.08　④ 0.9×0.4

⑤ 0.03×0.06　⑥ 250×0.04

2 かけ算をしなさい。(1つ5点)

① 2.6×700　② 3.7×1800　③ 0.24×130　④ 5.6×62

⑤ 3.9×24　⑥ 92×3.4　⑦ 63×0.72　⑧ 2.4×6.5

⑨ 4.73×1.8　⑩ 1.04×7.87　⑪ 0.106×0.61　⑫ 3.36×3.05

⑬ 2.78×0.018　⑭ 0.254×0.25

5級の復習テスト(4)

時間 20分【はやい15分・おそい25分】 合格 80点 得点 点

1 わり算をしなさい。(1つ5点)

① $54 \div 0.6$

② $490 \div 0.7$

③ $5 \div 0.05$

④ $28 \div 0.04$

⑤ $1800 \div 0.009$

⑥ $3.2 \div 0.8$

⑦ $2.7 \div 0.003$

⑧ $0.45 \div 0.005$

2 わり算をしなさい。ただし，①～⑤はわり切れるまで計算し，⑥は商を $\frac{1}{10}$ の位までのがい数，⑦は商を上から2けたのがい数にし，⑧は商を一の位まで求め余(あま)りも出し，⑨は商を $\frac{1}{10}$ の位まで求め余りも出しなさい。

(①～③1つ6点，④～⑨1つ7点)

① $400 \overline{)9600}$

② $0.8 \overline{)208}$

③ $0.6 \overline{)44.4}$

④ $0.4 \overline{)2.6}$

⑤ $7.4 \overline{)6.29}$

⑥ $3.6 \overline{)7.5}$

⑦ $0.59 \overline{)2.4}$

⑧ $0.27 \overline{)1.09}$

⑨ $0.34 \overline{)1.153}$

等しい分数と約分

$\frac{3}{4}$ と等しい分数，$\frac{9}{12}$ の約分

計算のしかた

❶ 等しい分数

$$\frac{3}{4}=\frac{6}{8}=\frac{9}{12}$$

（×2，×3／÷2，÷3）

❷ 約　分

$$\frac{\overset{3}{\cancel{9}}}{\underset{4}{\cancel{12}}}=\frac{3}{4}$$

← 12 と 9 の最大公約数 3 で，分母と分子をわる

□をうめて，計算のしかたを覚えよう。

❶ 分母と分子に同じ数をかけても，分母と分子を同じ数でわっても，分数の大きさは変わらないから，

$\frac{3}{4}=\frac{3\times ①\square}{4\times 2}=\frac{②\square}{8}$，　$\frac{3}{4}=\frac{3\times ③\square}{4\times 3}=\frac{④\square}{12}$

$\frac{6}{8}=\frac{6\div ⑤\square}{8\div 2}=\frac{⑥\square}{4}$，　$\frac{9}{12}=\frac{9\div ⑦\square}{12\div 3}=\frac{⑧\square}{4}$

になります。

❷ 12 と 9 の最大公約数 ⑨□ で，分母と分子をわると，

答えは，$\frac{9}{12}=\frac{9\div ⑨\square}{12\div ⑨\square}=⑩\square$

覚えよう

・分母と分子に同じ数をかけても，分母と分子を同じ数でわっても，分数の大きさは変わりません。

・分数の分母と分子をそれらの公約数でわって，分母の小さい分数にすることを約分するといいます。約分するときは，ふつう，分母をできるだけ小さくします。

$$\frac{▲}{■}=\frac{▲\times●}{■\times●}$$

$$\frac{▲}{■}=\frac{▲\div●}{■\div●}$$

計算してみよう

時間 20分【はやい15分・おそい25分】 合格 16個

正答 　／20個

1 □にあてはまる数を書きなさい。

① $\frac{1}{3}=\frac{\square}{6}$　　② $\frac{2}{5}=\frac{\square}{15}$

③ $\frac{5}{6}=\frac{\square}{24}$　　④ $\frac{2}{7}=\frac{\square}{35}$

⑤ $\frac{3}{8}=\frac{9}{\square}$　　⑥ $\frac{\square}{9}=\frac{14}{18}$

⑦ $\frac{15}{18}=\frac{\square}{6}$　　⑧ $\frac{21}{28}=\frac{3}{\square}$

⑨ $\frac{18}{48}=\frac{9}{\square}=\frac{\square}{8}$　　⑩ $\frac{30}{36}=\frac{\square}{18}=\frac{5}{\square}$

2 次の分数を約分しなさい。

① $\frac{2}{4}$　　② $\frac{3}{9}$

③ $\frac{6}{10}$　　④ $\frac{10}{15}$

⑤ $\frac{14}{63}$　　⑥ $\frac{22}{33}$

⑦ $\frac{13}{39}$　　⑧ $\frac{16}{24}$

⑨ $1\frac{12}{18}$　　⑩ $2\frac{4}{12}$

月　日

4日 通　分

$\frac{4}{5}$, $\frac{2}{3}$ の通分

計算のしかた

❶ $\frac{4}{5}$ と $\frac{2}{3}$ の共通の分母は，5と3の最小公倍数15

❷ $\frac{4}{5}=\frac{12}{15}$, $\frac{2}{3}=\frac{10}{15}$ （分母・分子に×3，×5）

□をうめて，計算のしかたを覚えよう。

❶ 通分するときは，ふつう，それぞれの分母の ①□ を共通の分母にします。

5の倍数は，5，10，15，20，……

3の倍数は，3，6，9，12，15，……

だから，5と3の ①□ は ②□ になります。

❷ 共通な分母を ②□ にして，通分すると，

$\frac{4}{5}=\frac{4\times③□}{5\times③□}=④□$

$\frac{2}{3}=\frac{2\times⑤□}{3\times⑤□}=⑥□$

になります。

答えは，④□，⑥□

覚えよう

・分母がちがう分数を，分母が同じ分数に直すことを通分するといいます。
・いくつかの分数を通分するには，分母の最小公倍数を見つけて，それを分母とする分数に直します。

計算してみよう

/20個

1 次の分数を通分しなさい。

① $\frac{3}{5}$, $\frac{1}{2}$

② $\frac{1}{3}$, $\frac{2}{5}$

③ $\frac{3}{4}$, $\frac{5}{7}$

④ $\frac{3}{5}$, $\frac{5}{6}$

⑤ $\frac{1}{2}$, $\frac{3}{4}$

⑥ $\frac{1}{4}$, $\frac{3}{8}$

⑦ $\frac{4}{5}$, $\frac{13}{15}$

⑧ $\frac{4}{7}$, $\frac{9}{28}$

⑨ $\frac{1}{4}$, $\frac{1}{6}$

⑩ $\frac{5}{6}$, $\frac{7}{9}$

⑪ $\frac{5}{8}$, $\frac{7}{12}$

⑫ $\frac{7}{10}$, $\frac{8}{15}$

⑬ $1\frac{2}{3}$, $1\frac{1}{2}$

⑭ $3\frac{5}{12}$, $\frac{5}{6}$

⑮ $\frac{3}{7}$, $2\frac{4}{21}$

⑯ $4\frac{5}{9}$, $2\frac{11}{12}$

★⑰ $\frac{1}{2}$, $\frac{2}{3}$, $\frac{3}{5}$

★⑱ $\frac{5}{9}$, $\frac{3}{4}$, $\frac{1}{3}$

★⑲ $\frac{1}{6}$, $\frac{3}{4}$, $\frac{8}{9}$

★⑳ $\frac{5}{6}$, $\frac{7}{8}$, $\frac{11}{12}$

5日 復習テスト(1)

月　日

時間 20分【はやい15分・おそい25分】　合格 80点　得点　点

1 □にあてはまる数を書きなさい。(1つ5点)

① $\frac{3}{5}=\frac{\square}{15}$

② $\frac{5}{6}=\frac{10}{\square}$

③ $\frac{12}{27}=\frac{\square}{9}$

④ $\frac{26}{39}=\frac{2}{\square}$

⑤ $\frac{1}{\square}=\frac{3}{9}=\frac{\square}{18}$

⑥ $\frac{\square}{7}=\frac{4}{14}=\frac{10}{\square}$

2 次の分数を約分しなさい。(①②1つ5点，③〜⑥1つ6点)

① $\frac{6}{9}$

② $\frac{10}{25}$

③ $\frac{35}{49}$

④ $\frac{36}{48}$

⑤ $1\frac{11}{22}$

⑥ $2\frac{12}{18}$

3 次の分数を通分しなさい。(1つ6点)

① $\frac{3}{4}$，$\frac{5}{12}$

② $\frac{1}{6}$，$\frac{8}{9}$

③ $1\frac{1}{3}$，$\frac{3}{4}$

④ $2\frac{3}{8}$，$4\frac{5}{6}$

★⑤ $\frac{1}{2}$，$\frac{1}{3}$，$\frac{1}{4}$

★⑥ $\frac{2}{3}$，$1\frac{5}{6}$，$\frac{7}{9}$

復習テスト(2)

時間 20分 【はやい15分・おそい25分】
合格 80点
得点 点

1 次の分数を約分しなさい。(1つ5点)

① $\frac{4}{14}$　② $\frac{30}{35}$

③ $\frac{12}{21}$　④ $\frac{56}{77}$

⑤ $\frac{44}{77}$　⑥ $\frac{39}{65}$

⑦ $3\frac{30}{45}$　⑧ $4\frac{51}{68}$

2 次の分数を通分しなさい。(1つ5点)

① $\frac{9}{10}$, $\frac{2}{5}$　② $\frac{5}{6}$, $\frac{8}{9}$

③ $\frac{3}{4}$, $\frac{1}{6}$　④ $\frac{7}{8}$, $\frac{4}{9}$

⑤ $\frac{9}{14}$, $\frac{3}{7}$　⑥ $\frac{7}{12}$, $\frac{8}{15}$

⑦ $\frac{5}{12}$, $\frac{17}{24}$　⑧ $\frac{1}{8}$, $\frac{5}{12}$

⑨ $\frac{5}{14}$, $2\frac{3}{7}$　⑩ $2\frac{1}{6}$, $2\frac{1}{10}$

★⑪ $\frac{5}{8}$, $\frac{3}{4}$, $\frac{1}{6}$　★⑫ $2\frac{5}{12}$, $\frac{7}{16}$, $3\frac{11}{24}$

6日 分母のちがう真分数のたし算 (1)

$\frac{1}{6}+\frac{3}{10}$ の計算

計算のしかた

$\frac{1}{6}+\frac{3}{10}$

❶ 分母がちがうので，通分する
(6と10の最小公倍数30を共通の分母にする)

$=\frac{5}{30}+\frac{9}{30}$

❷ 分母はそのままにして，分子だけをたす

$=\frac{14}{30}$ (約分: $\frac{7}{15}$)

❸ 約分できるから，約分する
(30と14の最大公約数2で，分母と分子をわる)

$=\frac{7}{15}$

□をうめて，計算のしかたを覚えよう。

❶ 分母がちがうので ① して，$\frac{1}{6}+\frac{3}{10}$ の式を

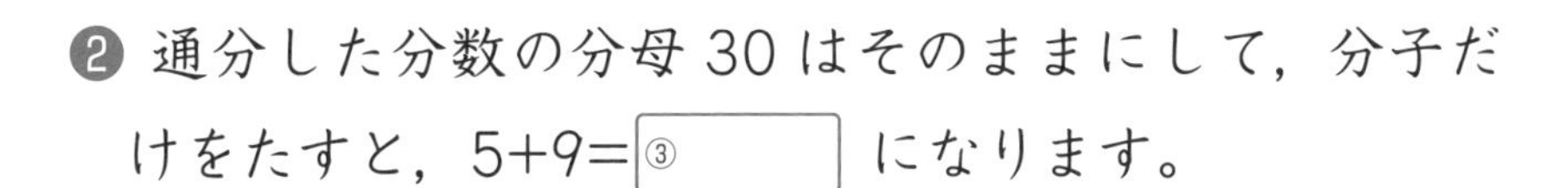

$\frac{5}{②}+\frac{9}{②}$ に直します。

❷ 通分した分数の分母30はそのままにして，分子だけをたすと，5+9= ③ になります。

❸ $\frac{14}{30}$ は約分できるので約分すると，答えは ④ になります。

覚えよう 分母のちがう真分数のたし算は，通分してから分母はそのままにして，分子だけをたします。また，答えが約分できるときは約分します。

計算してみよう

時間 20分【はやい15分・おそい25分】
合格 16個
正答 ／20個

1 たし算をしなさい。

① $\frac{1}{2}+\frac{1}{4}$

② $\frac{1}{3}+\frac{1}{6}$

③ $\frac{1}{4}+\frac{1}{12}$

④ $\frac{1}{4}+\frac{1}{8}$

⑤ $\frac{1}{6}+\frac{1}{8}$

⑥ $\frac{1}{3}+\frac{5}{12}$

⑦ $\frac{3}{5}+\frac{2}{7}$

⑧ $\frac{2}{9}+\frac{1}{6}$

⑨ $\frac{2}{5}+\frac{4}{15}$

⑩ $\frac{3}{8}+\frac{1}{4}$

⑪ $\frac{3}{10}+\frac{1}{2}$

⑫ $\frac{1}{3}+\frac{1}{12}$

⑬ $\frac{3}{8}+\frac{5}{12}$

⑭ $\frac{1}{6}+\frac{2}{15}$

⑮ $\frac{2}{5}+\frac{7}{15}$

⑯ $\frac{1}{4}+\frac{7}{12}$

⑰ $\frac{7}{10}+\frac{1}{6}$

⑱ $\frac{5}{8}+\frac{1}{10}$

⑲ $\frac{7}{10}+\frac{3}{20}$

⑳ $\frac{1}{15}+\frac{1}{30}$

月　日

分母のちがう真分数のたし算 (2)

$\frac{3}{4}+\frac{5}{12}$ の計算

計算のしかた

$\frac{3}{4}+\frac{5}{12}$

❶ $=\frac{9}{12}+\frac{5}{12}$　分母がちがうので，通分する（4 と 12 の最小公倍数 12 を共通の分母にする）

❷ $=\frac{\overset{7}{\cancel{14}}}{\underset{6}{\cancel{12}}}$　分母はそのままにして，分子だけをたす

❸ $=\frac{7}{6}$　約分できるから，約分する（12 と 14 の最大公約数 2 で，分母と分子をわる）

❹ $=1\frac{1}{6}$　仮分数を帯分数に直す

□をうめて，計算のしかたを覚えよう。

❶ 分母がちがうので ① □ して，$\frac{3}{4}+\frac{5}{12}$ の式を $\frac{9}{②□}+\frac{5}{②□}$ に直します。

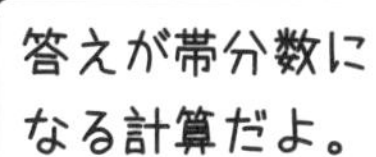

❷ 通分した分数の分母 12 はそのままにして，分子だけをたすと，9+5= ③ □ になります。

❸ $\frac{14}{12}$ は約分できるので約分すると，④ □ になります。

❹ 答えは，仮分数 $\frac{7}{6}$ を帯分数の ⑤ □ に直しておきます。

覚えよう　答えが仮分数になったときは，帯分数に直すと，大きさがわかりやすくなります。

計算してみよう

時間 20分【はやい15分・おそい25分】

合格 16個

正答

／20個

1 たし算をしなさい。

① $\frac{1}{2}+\frac{2}{3}$

② $\frac{2}{3}+\frac{3}{5}$

③ $\frac{4}{7}+\frac{3}{4}$

④ $\frac{4}{9}+\frac{7}{10}$

⑤ $\frac{7}{8}+\frac{7}{24}$

⑥ $\frac{5}{6}+\frac{2}{3}$

⑦ $\frac{1}{4}+\frac{5}{6}$

⑧ $\frac{3}{5}+\frac{7}{10}$

⑨ $\frac{6}{7}+\frac{7}{8}$

⑩ $\frac{4}{9}+\frac{5}{6}$

⑪ $\frac{3}{10}+\frac{4}{5}$

⑫ $\frac{3}{4}+\frac{3}{5}$

⑬ $\frac{3}{8}+\frac{5}{6}$

⑭ $\frac{1}{5}+\frac{6}{7}$

⑮ $\frac{1}{2}+\frac{3}{5}$

⑯ $\frac{5}{6}+\frac{13}{15}$

⑰ $\frac{5}{8}+\frac{7}{10}$

⑱ $\frac{8}{9}+\frac{1}{6}$

⑲ $\frac{5}{6}+\frac{1}{2}$

⑳ $\frac{7}{9}+\frac{8}{27}$

復習テスト(3)

月　日

時間 20分【はやい15分・おそい25分】 得点

合格 80点　　点

1 たし算をしなさい。(1つ5点)

① $\frac{1}{4}+\frac{3}{8}$

② $\frac{1}{3}+\frac{2}{5}$

③ $\frac{1}{6}+\frac{1}{3}$

④ $\frac{7}{15}+\frac{1}{6}$

⑤ $\frac{3}{8}+\frac{1}{24}$

⑥ $\frac{3}{10}+\frac{1}{5}$

⑦ $\frac{1}{2}+\frac{3}{10}$

⑧ $\frac{3}{5}+\frac{4}{15}$

⑨ $\frac{9}{14}+\frac{1}{7}$

⑩ $\frac{3}{8}+\frac{3}{10}$

2 たし算をしなさい。(1つ5点)

① $\frac{9}{14}+\frac{6}{7}$

② $\frac{2}{3}+\frac{2}{5}$

③ $\frac{3}{5}+\frac{5}{6}$

④ $\frac{5}{6}+\frac{7}{8}$

⑤ $\frac{7}{9}+\frac{13}{15}$

⑥ $\frac{2}{3}+\frac{7}{9}$

⑦ $\frac{5}{6}+\frac{3}{4}$

⑧ $\frac{9}{10}+\frac{8}{15}$

⑨ $\frac{11}{18}+\frac{5}{9}$

⑩ $\frac{11}{15}+\frac{17}{20}$

復習テスト(4)

時間 20分 【はやい15分・おそい25分】
合格 80点
得点 点

1 たし算をしなさい。(1つ5点)

① $\frac{7}{10}+\frac{1}{5}$

② $\frac{1}{6}+\frac{1}{9}$

③ $\frac{1}{4}+\frac{1}{6}$

④ $\frac{1}{8}+\frac{4}{9}$

⑤ $\frac{5}{14}+\frac{2}{7}$

⑥ $\frac{5}{6}+\frac{1}{12}$

⑦ $\frac{7}{15}+\frac{3}{10}$

⑧ $\frac{5}{12}+\frac{4}{15}$

⑨ $\frac{2}{3}+\frac{3}{4}$

⑩ $\frac{11}{12}+\frac{19}{24}$

⑪ $\frac{7}{8}+\frac{5}{12}$

⑫ $\frac{14}{15}+\frac{7}{10}$

⑬ $\frac{7}{9}+\frac{5}{6}$

⑭ $\frac{9}{10}+\frac{3}{4}$

⑮ $\frac{1}{6}+\frac{1}{10}$

⑯ $\frac{1}{4}+\frac{5}{12}$

⑰ $\frac{4}{7}+\frac{2}{21}$

⑱ $\frac{5}{6}+\frac{3}{10}$

⑲ $\frac{9}{10}+\frac{3}{5}$

⑳ $\frac{7}{10}+\frac{5}{6}$

9日 まとめテスト(1)

月　日

時間 25分【はやい20分・おそい30分】
合格 80点
得点　点

1 次の分数を約分しなさい。(1つ5点)

① $\frac{18}{22}$　② $\frac{18}{21}$

③ $1\frac{21}{28}$　④ $2\frac{24}{36}$

2 次の分数を通分しなさい。(1つ5点)

① $\frac{7}{13}$, $\frac{5}{26}$　② $\frac{3}{14}$, $\frac{5}{21}$

③ $1\frac{1}{3}$, $2\frac{1}{5}$　④ $4\frac{7}{8}$, $\frac{5}{12}$

3 たし算をしなさい。(1つ5点)

① $\frac{1}{2}+\frac{3}{8}$　② $\frac{3}{4}+\frac{1}{5}$

③ $\frac{5}{12}+\frac{7}{15}$　④ $\frac{3}{4}+\frac{4}{5}$

⑤ $\frac{8}{9}+\frac{5}{6}$　⑥ $\frac{19}{21}+\frac{4}{7}$

⑦ $\frac{1}{21}+\frac{5}{6}$　⑧ $\frac{2}{5}+\frac{4}{15}$

⑨ $\frac{7}{12}+\frac{19}{30}$　⑩ $\frac{5}{14}+\frac{5}{6}$

⑪ $\frac{9}{14}+\frac{7}{10}$　⑫ $\frac{9}{10}+\frac{1}{6}$

まとめテスト(2)

時間 25分 【はやい20分・おそい30分】
合格 80点
得点 　点

1 次の分数を約分しなさい。(1つ5点)

① $\frac{2}{14}$　② $\frac{20}{45}$

③ $\frac{11}{33}$　④ $1\frac{28}{42}$

2 次の分数を通分しなさい。(1つ5点)

① $\frac{4}{15}, \frac{1}{6}$　② $\frac{3}{22}, \frac{4}{33}$

③ $\frac{5}{6}, 5\frac{1}{8}$　④ $3\frac{1}{9}, 9\frac{2}{3}$

3 たし算をしなさい。(1つ5点)

① $\frac{4}{9}+\frac{3}{8}$　② $\frac{1}{5}+\frac{1}{20}$

③ $\frac{1}{6}+\frac{5}{8}$　④ $\frac{4}{5}+\frac{13}{15}$

⑤ $\frac{1}{2}+\frac{9}{11}$　⑥ $\frac{3}{10}+\frac{5}{6}$

⑦ $\frac{1}{12}+\frac{4}{15}$　⑧ $\frac{5}{12}+\frac{5}{18}$

⑨ $\frac{5}{6}+\frac{11}{15}$　⑩ $\frac{5}{14}+\frac{2}{3}$

⑪ $\frac{9}{20}+\frac{19}{30}$　⑫ $\frac{17}{30}+\frac{19}{40}$

10日 分母のちがう帯分数のたし算（1）

$1\frac{1}{2}+\frac{5}{6}$ の計算

計算のしかた

$1\frac{1}{2}+\frac{5}{6}$

❶ 分母がちがうので，通分する（2と6の最小公倍数6を共通の分母にする）

$=1\frac{3}{6}+\frac{5}{6}$

❷ 分母はそのままにして，分子だけをたす

$=1\frac{\overset{4}{\cancel{8}}}{\underset{3}{\cancel{6}}}$

❸ 約分できるから，約分する（6と8の最大公約数2で，分母と分子をわる）

$=1\frac{4}{3}$

❹ 帯分数に直す

$=2\frac{1}{3}$

□をうめて，計算のしかたを覚えよう。

❶ 分母がちがうので ①□ して，$1\frac{1}{2}+\frac{5}{6}$ の式を $1\frac{3}{②□}+\frac{5}{②□}$ に直します。

❷ 通分した分数の分母6はそのままにして，分子だけをたすと，3+5= ③□ になります。

❸ $\frac{8}{6}$ は約分できるので約分すると，④□ になります。

❹ 答えは，$1\frac{4}{3}$ を帯分数の ⑤□ に直しておきます。

覚えよう 分母のちがう帯分数と真分数のたし算は，通分してから分母はそのままにして，分子だけをたします。答えが約分できるときは約分します。

計算してみよう

時間 20分【はやい15分·おそい25分】
合格 16個
正答  ／20個

1 たし算をしなさい。

① $1\frac{1}{4}+\frac{1}{2}$

② $\frac{3}{8}+1\frac{2}{5}$

③ $1\frac{7}{10}+\frac{2}{15}$

④ $1\frac{1}{2}+\frac{1}{10}$

⑤ $1\frac{1}{5}+\frac{7}{20}$

⑥ $\frac{3}{5}+1\frac{1}{6}$

⑦ $2\frac{1}{6}+\frac{5}{8}$

⑧ $\frac{3}{7}+2\frac{1}{5}$

⑨ $3\frac{2}{3}+\frac{1}{5}$

⑩ $\frac{7}{9}+4\frac{1}{6}$

⑪ $1\frac{5}{6}+\frac{7}{9}$

⑫ $\frac{3}{4}+1\frac{5}{6}$

⑬ $1\frac{1}{2}+\frac{7}{8}$

⑭ $\frac{5}{9}+1\frac{3}{5}$

⑮ $1\frac{5}{6}+\frac{2}{3}$

⑯ $\frac{6}{7}+1\frac{9}{14}$

⑰ $2\frac{5}{9}+\frac{7}{12}$

⑱ $\frac{9}{10}+2\frac{7}{8}$

⑲ $3\frac{3}{8}+\frac{11}{12}$

⑳ $\frac{13}{15}+4\frac{7}{12}$

11日 分母のちがう帯分数のたし算 (2)

$2\frac{5}{6}+1\frac{4}{15}$ の計算

計算のしかた

$2\frac{5}{6}+1\frac{4}{15}$

❶ $=2\frac{25}{30}+1\frac{8}{30}$ ── 分母がちがうので，通分する（6 と 15 の最小公倍数 30 を共通の分母にする）

❷ $=3\frac{33}{30}$（33 → 11，30 → 10）── 整数部分と分数部分に分けて計算する

❸ $=3\frac{11}{10}$ ── 約分できるから，約分する（30 と 33 の最大公約数 3 で，分母と分子をわる）

❹ $=4\frac{1}{10}$ ── 帯分数に直す

□をうめて，計算のしかたを覚えよう。

❶ 分母がちがうので［①　　］すると，$2\frac{25}{［②　］}+1\frac{8}{［②　］}$ になります。

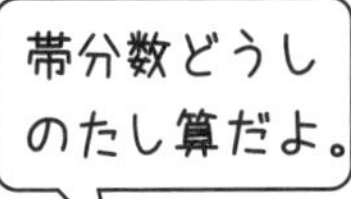

❷ 整数部分と分数部分に分けて計算すると，

$2\frac{25}{［②　］}+1\frac{8}{［②　］}=3\frac{［③　］}{30}$ になります。

❸ $3\frac{［③　］}{30}$ は約分できるので約分すると，［④　　］になります。

❹ 答えは，$3\frac{11}{10}$ を帯分数の［⑤　　］に直しておきます。

覚えよう 帯分数どうしのたし算は，整数部分と分数部分を分けて計算します。答えが約分できるときは約分します。

計算してみよう

時間 20分【はやい15分・おそい25分】
合格 16個
正答 ／20個

1 たし算をしなさい。

① $1\frac{1}{6}+1\frac{1}{3}$

② $1\frac{2}{15}+1\frac{1}{6}$

③ $1\frac{1}{4}+2\frac{5}{8}$

④ $2\frac{5}{9}+1\frac{1}{3}$

⑤ $2\frac{1}{6}+1\frac{1}{9}$

⑥ $2\frac{3}{8}+2\frac{3}{10}$

⑦ $3\frac{2}{5}+2\frac{3}{10}$

⑧ $1\frac{5}{21}+2\frac{1}{7}$

⑨ $4\frac{7}{10}+3\frac{4}{15}$

⑩ $3\frac{5}{12}+4\frac{4}{9}$

⑪ $2\frac{1}{3}+3\frac{6}{7}$

⑫ $3\frac{1}{4}+1\frac{5}{6}$

⑬ $1\frac{4}{5}+3\frac{2}{3}$

⑭ $1\frac{8}{15}+3\frac{9}{10}$

⑮ $2\frac{6}{7}+3\frac{5}{8}$

⑯ $3\frac{7}{9}+2\frac{2}{3}$

⑰ $4\frac{3}{4}+2\frac{11}{12}$

⑱ $3\frac{11}{15}+4\frac{5}{9}$

⑲ $5\frac{11}{12}+4\frac{5}{8}$

⑳ $5\frac{19}{20}+6\frac{13}{15}$

12日 復習テスト(5)

月　日

時間 20分【はやい15分・おそい25分】　得点

合格 80点　点

1 たし算をしなさい。(1つ5点)

① $1\frac{3}{4}+\frac{1}{6}$

② $\frac{1}{3}+1\frac{1}{2}$

③ $2\frac{2}{5}+\frac{3}{7}$

④ $\frac{1}{9}+2\frac{5}{6}$

⑤ $3\frac{1}{10}+\frac{3}{5}$

⑥ $\frac{5}{12}+4\frac{3}{8}$

⑦ $2\frac{7}{15}+\frac{3}{10}$

⑧ $\frac{1}{6}+1\frac{3}{8}$

⑨ $5\frac{7}{12}+\frac{5}{16}$

⑩ $\frac{1}{8}+3\frac{11}{24}$

⑪ $1\frac{3}{4}+1\frac{5}{8}$

⑫ $2\frac{2}{3}+1\frac{4}{7}$

⑬ $2\frac{5}{6}+3\frac{5}{8}$

⑭ $1\frac{5}{12}+3\frac{3}{4}$

⑮ $2\frac{8}{9}+2\frac{5}{6}$

⑯ $3\frac{5}{12}+1\frac{7}{8}$

⑰ $3\frac{9}{10}+1\frac{17}{25}$

⑱ $4\frac{23}{24}+2\frac{11}{12}$

⑲ $3\frac{11}{15}+4\frac{7}{10}$

⑳ $5\frac{13}{20}+5\frac{13}{15}$

復習テスト(6)

時間 20分【はやい15分・おそい25分】 得点
合格 80点 点

1 たし算をしなさい。(1つ5点)

① $1\frac{1}{5}+\frac{3}{10}$

② $\frac{1}{2}+1\frac{1}{8}$

③ $3\frac{1}{10}+\frac{7}{8}$

④ $\frac{1}{6}+2\frac{4}{9}$

⑤ $4\frac{7}{8}+\frac{5}{12}$

⑥ $\frac{17}{20}+4\frac{7}{15}$

⑦ $2\frac{5}{6}+\frac{8}{15}$

⑧ $\frac{19}{24}+5\frac{13}{18}$

⑨ $1\frac{1}{2}+2\frac{3}{8}$

⑩ $3\frac{4}{7}+2\frac{1}{6}$

⑪ $3\frac{3}{7}+1\frac{2}{3}$

⑫ $2\frac{3}{4}+4\frac{7}{8}$

⑬ $3\frac{7}{10}+3\frac{14}{15}$

⑭ $5\frac{18}{25}+5\frac{17}{20}$

⑮ $2\frac{2}{15}+\frac{1}{5}$

⑯ $\frac{5}{6}+4\frac{7}{15}$

⑰ $1\frac{3}{10}+4\frac{8}{15}$

⑱ $1\frac{17}{30}+1\frac{1}{10}$

⑲ $3\frac{5}{12}+1\frac{1}{3}$

⑳ $4\frac{8}{21}+5\frac{5}{6}$

月　日

分母のちがう真分数のひき算

$\frac{3}{8}-\frac{5}{24}$ の計算

計算のしかた

$\frac{3}{8}-\frac{5}{24}$

❶ 分母がちがうので，通分する（8 と 24 の最小公倍数 24 を共通の分母にする）

$=\frac{9}{24}-\frac{5}{24}$

❷ 分母はそのままにして，分子だけをひく

$=\frac{4}{24}$

❸ 約分できるから，約分する（24 と 4 の最大公約数 4 で，分母と分子をわる）

$=\frac{1}{6}$

□をうめて，計算のしかたを覚えよう。

❶ 分母がちがうので ① ＿＿ して，$\frac{3}{8}-\frac{5}{24}$ の式を $\frac{9}{②}-\frac{5}{②}$ に直します。

❷ 通分した分数の分母 24 はそのままにして，分子だけをひくと，9−5= ③ ＿＿ になります。

❸ $\frac{4}{24}$ は約分できるので約分すると，答えは ④ ＿＿ になります。

覚えよう 分母のちがう真分数のひき算は，通分してから分母はそのままにして，分子だけをひきます。答えが約分できるときは約分します。

計算してみよう

時間 20分【はやい15分・おそい25分】
合格 16個
正答 

1 ひき算をしなさい。

① $\frac{1}{2}-\frac{1}{3}$

② $\frac{2}{3}-\frac{1}{4}$

③ $\frac{2}{3}-\frac{1}{6}$

④ $\frac{1}{7}-\frac{1}{8}$

⑤ $\frac{4}{9}-\frac{1}{3}$

⑥ $\frac{5}{6}-\frac{3}{10}$

⑦ $\frac{4}{5}-\frac{2}{3}$

⑧ $\frac{3}{4}-\frac{1}{12}$

⑨ $\frac{1}{7}-\frac{1}{10}$

⑩ $\frac{7}{10}-\frac{1}{5}$

⑪ $\frac{7}{8}-\frac{2}{3}$

⑫ $\frac{4}{5}-\frac{1}{2}$

⑬ $\frac{5}{7}-\frac{1}{2}$

⑭ $\frac{5}{8}-\frac{1}{4}$

⑮ $\frac{7}{9}-\frac{1}{3}$

⑯ $\frac{3}{4}-\frac{1}{6}$

⑰ $\frac{7}{8}-\frac{2}{9}$

⑱ $\frac{5}{6}-\frac{1}{10}$

⑲ $\frac{1}{2}-\frac{1}{6}$

⑳ $\frac{3}{4}-\frac{2}{5}$

月　日

分母のちがう帯分数のひき算（1）

$3\frac{2}{3}-\frac{7}{15}$ の計算

計算のしかた

$3\frac{2}{3}-\frac{7}{15}$

❶ 分母がちがうので，通分する（3と15の最小公倍数15を共通の分母にする）

$=3\frac{10}{15}-\frac{7}{15}$

❷ 分母はそのままにして，分子だけをひく

$=3\frac{\overset{1}{\cancel{3}}}{\underset{5}{\cancel{15}}}$

❸ 約分できるから，約分する（15と3の最大公約数3で，分母と分子をわる）

$=3\frac{1}{5}$

□をうめて，計算のしかたを覚えよう。

❶ 分母がちがうので［①　　］して，$3\frac{2}{3}-\frac{7}{15}$ の式を

$3\frac{10}{[②\quad]}-\frac{7}{[②\quad]}$ に直します。

整数部分から
くり下がりが
ない計算だよ。

❷ 通分した分数の分母15はそのままにして，分子だけを
ひくと，10−7=［③　　］になります。

❸ $3\frac{3}{15}$ は約分できるので約分すると，答えは［④　　］になります。

覚えよう 分母のちがう（帯分数）−（真分数）の計算は，通分してから分母はそのままにして，分子だけをひきます。答えが約分できるときは約分します。

計算してみよう

時間 20分【はやい15分・おそい25分】
合格 16個

正答 　/20個

1 ひき算をしなさい。

① $1\frac{1}{2}-\frac{1}{3}$

② $1\frac{4}{5}-\frac{7}{10}$

③ $1\frac{5}{6}-\frac{3}{8}$

④ $2\frac{4}{9}-\frac{1}{6}$

⑤ $2\frac{9}{10}-\frac{2}{5}$

⑥ $3\frac{7}{8}-\frac{5}{6}$

⑦ $3\frac{3}{4}-\frac{1}{6}$

⑧ $4\frac{5}{7}-\frac{3}{14}$

⑨ $4\frac{3}{5}-\frac{2}{9}$

⑩ $5\frac{2}{3}-\frac{1}{5}$

⑪ $5\frac{1}{6}-\frac{1}{9}$

⑫ $6\frac{6}{7}-\frac{9}{21}$

⑬ $8\frac{9}{11}-\frac{1}{2}$

⑭ $9\frac{9}{13}-\frac{2}{3}$

⑮ $4\frac{7}{12}-\frac{1}{4}$

⑯ $2\frac{5}{6}-\frac{2}{15}$

⑰ $7\frac{7}{8}-\frac{3}{10}$

⑱ $5\frac{2}{3}-\frac{1}{6}$

⑲ $1\frac{11}{24}-\frac{1}{3}$

⑳ $3\frac{5}{7}-\frac{8}{21}$

復習テスト(7)

月　日

時間 20分【はやい15分・おそい25分】　得点
合格 80点　点

1 ひき算をしなさい。(1つ5点)

① $\frac{1}{2}-\frac{1}{5}$

② $\frac{4}{5}-\frac{3}{4}$

③ $\frac{5}{6}-\frac{2}{3}$

④ $\frac{3}{4}-\frac{5}{8}$

⑤ $\frac{14}{15}-\frac{3}{10}$

⑥ $\frac{9}{10}-\frac{8}{9}$

⑦ $\frac{5}{6}-\frac{3}{8}$

⑧ $\frac{7}{8}-\frac{3}{10}$

⑨ $1\frac{4}{5}-\frac{1}{4}$

⑩ $2\frac{6}{7}-\frac{9}{14}$

⑪ $2\frac{2}{3}-\frac{1}{6}$

⑫ $3\frac{7}{8}-\frac{7}{10}$

⑬ $3\frac{6}{7}-\frac{3}{4}$

⑭ $5\frac{5}{6}-\frac{3}{10}$

⑮ $4\frac{11}{12}-\frac{1}{4}$

⑯ $2\frac{8}{9}-\frac{4}{5}$

⑰ $1\frac{7}{12}-\frac{1}{4}$

⑱ $2\frac{26}{35}-\frac{3}{5}$

⑲ $3\frac{7}{8}-\frac{3}{4}$

⑳ $4\frac{2}{3}-\frac{4}{7}$

複習テスト(8)

時間 20分【はやい15分・おそい25分】 合格 80点 得点 点

1 ひき算をしなさい。(1つ5点)

① $\frac{1}{3}-\frac{1}{4}$

② $\frac{4}{5}-\frac{3}{10}$

③ $\frac{7}{8}-\frac{5}{24}$

④ $\frac{5}{6}-\frac{3}{4}$

⑤ $\frac{8}{9}-\frac{5}{6}$

⑥ $\frac{7}{10}-\frac{2}{5}$

⑦ $\frac{4}{7}-\frac{1}{3}$

⑧ $\frac{2}{3}-\frac{5}{12}$

⑨ $1\frac{9}{10}-\frac{7}{15}$

⑩ $1\frac{5}{8}-\frac{1}{6}$

⑪ $1\frac{11}{15}-\frac{2}{3}$

⑫ $2\frac{11}{18}-\frac{4}{9}$

⑬ $3\frac{1}{2}-\frac{3}{10}$

⑭ $3\frac{5}{6}-\frac{4}{5}$

⑮ $2\frac{6}{7}-\frac{2}{3}$

⑯ $2\frac{7}{8}-\frac{1}{2}$

⑰ $4\frac{8}{9}-\frac{3}{7}$

⑱ $4\frac{5}{6}-\frac{2}{15}$

⑲ $3\frac{3}{4}-\frac{2}{3}$

⑳ $5\frac{2}{3}-\frac{7}{15}$

16日 まとめテスト (3)

月　日

時間 25分 【はやい20分・おそい30分】
合格 80点
得点　点

1 たし算をしなさい。(1つ5点)

① $2\frac{1}{3}+1\frac{1}{2}$

② $2\frac{1}{3}+\frac{2}{7}$

③ $2\frac{9}{20}+1\frac{2}{5}$

④ $1\frac{2}{15}+3\frac{3}{5}$

⑤ $1\frac{1}{4}+1\frac{5}{9}$

⑥ $\frac{1}{2}+3\frac{4}{7}$

⑦ $1\frac{3}{5}+2\frac{2}{3}$

⑧ $2\frac{5}{6}+1\frac{3}{4}$

⑨ $1\frac{7}{30}+3\frac{7}{10}$

⑩ $1\frac{7}{12}+3\frac{4}{5}$

2 ひき算をしなさい。(1つ5点)

① $\frac{3}{5}-\frac{1}{3}$

② $\frac{7}{8}-\frac{5}{6}$

③ $\frac{3}{4}-\frac{1}{2}$

④ $\frac{15}{16}-\frac{5}{8}$

⑤ $\frac{5}{6}-\frac{8}{15}$

⑥ $\frac{7}{12}-\frac{9}{20}$

⑦ $1\frac{9}{10}-\frac{11}{15}$

⑧ $2\frac{2}{3}-\frac{2}{5}$

⑨ $1\frac{3}{4}-\frac{1}{12}$

⑩ $3\frac{3}{10}-\frac{1}{6}$

まとめテスト(4)

時間 25分【はやい20分・おそい30分】
合格 80点
得点 　点

1 たし算をしなさい。(1つ5点)

① $2\frac{2}{5}+3\frac{3}{10}$

② $1\frac{6}{49}+1\frac{2}{7}$

③ $2\frac{1}{12}+1\frac{3}{5}$

④ $\frac{5}{6}+1\frac{7}{8}$

⑤ $2\frac{11}{21}+1\frac{2}{7}$

⑥ $2\frac{11}{14}+4\frac{5}{7}$

⑦ $1\frac{11}{12}+5\frac{2}{3}$

⑧ $2\frac{2}{3}+2\frac{3}{8}$

⑨ $3\frac{4}{9}+\frac{5}{6}$

⑩ $2\frac{3}{4}+1\frac{5}{12}$

2 ひき算をしなさい。(1つ5点)

① $\frac{3}{4}-\frac{2}{5}$

② $\frac{3}{7}-\frac{2}{9}$

③ $\frac{3}{10}-\frac{1}{4}$

④ $\frac{11}{21}-\frac{1}{6}$

⑤ $\frac{13}{14}-\frac{3}{7}$

⑥ $1\frac{5}{6}-\frac{2}{3}$

⑦ $2\frac{3}{10}-\frac{1}{6}$

⑧ $1\frac{2}{3}-\frac{1}{6}$

⑨ $3\frac{11}{12}-\frac{3}{4}$

⑩ $2\frac{2}{15}-\frac{4}{35}$

月　日

分母のちがう帯分数のひき算 (2)

$1\frac{1}{6}-\frac{5}{12}$ の計算

計算のしかた

$$1\frac{1}{6}-\frac{5}{12}$$

❶ 分母がちがうので，通分する
（6 と 12 の最小公倍数 12 を共通の分母にする）

$$=1\frac{2}{12}-\frac{5}{12}$$

❷ $\frac{2}{12}$ から $\frac{5}{12}$ はひけないので，ひかれる数の整数部分を 1 くり下げる

$$=\frac{14}{12}-\frac{5}{12}$$

❸ 分母はそのままにして，分子だけをひく

$$=\frac{\cancel{9}^{3}}{\cancel{12}_{4}}$$

❹ 約分できるから，約分する
（12 と 9 の最大公約数 3 で，分母と分子をわる）

$$=\frac{3}{4}$$

□をうめて，計算のしかたを覚えよう。

❶ 分母がちがうので［①　　］して $1\frac{1}{6}-\frac{5}{12}$ の式を $1\frac{2}{[②\quad]}-\frac{5}{[②\quad]}$ に直します。

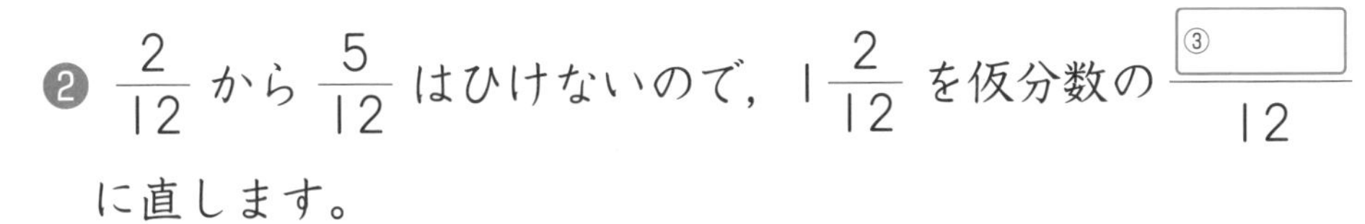

❷ $\frac{2}{12}$ から $\frac{5}{12}$ はひけないので，$1\frac{2}{12}$ を仮分数の $\frac{[③\quad]}{12}$ に直します。

❸ $\frac{[③\quad]}{12}-\frac{5}{12}=\frac{[④\quad]}{12}$ の計算をします。

❹ $\frac{9}{12}$ は約分できるので約分すると，答えは［⑤　　］になります。

覚えよう　分数部分のひき算ができないときは，ひかれる数の整数部分を 1 くり下げて仮分数に直してから計算します。答えが約分できるときは約分します。

計算してみよう

時間 20分 【はやい15分・おそい25分】

合格 16個

正答 ／20個

1 ひき算をしなさい。

① $1\frac{1}{4}-\frac{5}{8}$

② $1\frac{1}{2}-\frac{5}{6}$

③ $3-\frac{7}{8}$

④ $2\frac{1}{5}-\frac{3}{4}$

⑤ $3\frac{3}{14}-\frac{8}{21}$

⑥ $4\frac{1}{4}-\frac{7}{12}$

⑦ $1\frac{1}{4}-\frac{1}{3}$

⑧ $1\frac{1}{3}-\frac{3}{4}$

⑨ $1\frac{5}{14}-\frac{4}{7}$

⑩ $1\frac{1}{8}-\frac{3}{10}$

⑪ $1\frac{2}{15}-\frac{4}{5}$

⑫ $1\frac{2}{9}-\frac{5}{6}$

⑬ $2\frac{1}{7}-\frac{2}{3}$

⑭ $2\frac{7}{10}-\frac{14}{15}$

⑮ $1\frac{1}{4}-\frac{4}{7}$

⑯ $2\frac{1}{2}-\frac{5}{9}$

⑰ $3\frac{3}{10}-\frac{4}{5}$

⑱ $4\frac{3}{8}-\frac{7}{10}$

⑲ $1\frac{2}{5}-\frac{5}{8}$

⑳ $3\frac{2}{3}-\frac{8}{9}$

分母のちがう帯分数のひき算 (3)

月　日

$3\frac{1}{8}-1\frac{17}{24}$ の計算

計算のしかた

$$3\frac{1}{8}-1\frac{17}{24}$$

❶ $=3\frac{3}{24}-1\frac{17}{24}$

分母がちがうので，通分する
（8 と 24 の最小公倍数 24 を共通の分母にする）

❷ $=2\frac{27}{24}-1\frac{17}{24}$

$\frac{3}{24}$ から $\frac{17}{24}$ はひけないので，ひかれる数の整数部分を 1 くり下げる

❸ $=1\frac{10}{24}$（10→5，24→12 と約分）

整数部分と分数部分に分けて計算する

❹ $=1\frac{5}{12}$

約分できるから，約分する
（24 と 10 の最大公約数 2 で，分母と分子をわる）

□をうめて，計算のしかたを覚えよう。

❶ 分母がちがうので［①　　］して，$3\frac{1}{8}-1\frac{17}{24}$ の式を $3\frac{3}{[②]}-1\frac{17}{[②]}$ に直します。

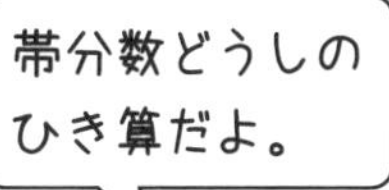

❷ $\frac{3}{24}$ から $\frac{17}{24}$ はひけないので，$3\frac{3}{24}$ を $2\frac{[③]}{24}$ に直します。

❸ $2\frac{[③]}{24}-1\frac{17}{24}=1\frac{[④]}{24}$ の計算をします。

❹ $1\frac{10}{24}$ は約分できるので約分すると，答えは，［⑤　　］になります。

覚えよう 帯分数どうしのひき算は，整数部分と分数部分に分けて計算します。答えが約分できるときは約分します。

計算してみよう

時間 20分 【はやい15分・おそい25分】
合格 16個
正答  ／20個

1 ひき算をしなさい。

① $3\frac{1}{2}-1\frac{1}{3}$

② $2\frac{7}{12}-1\frac{1}{4}$

③ $4\frac{5}{6}-2\frac{7}{9}$

④ $3\frac{3}{4}-3\frac{3}{8}$

⑤ $1\frac{4}{5}-1\frac{3}{4}$

⑥ $4\frac{2}{3}-2\frac{1}{6}$

⑦ $3\frac{5}{6}-1\frac{7}{12}$

⑧ $2\frac{7}{8}-2\frac{3}{4}$

⑨ $2\frac{3}{4}-1\frac{4}{5}$

⑩ $3\frac{1}{3}-1\frac{3}{8}$

⑪ $3\frac{1}{4}-1\frac{2}{3}$

⑫ $4\frac{3}{10}-3\frac{4}{5}$

⑬ $2\frac{4}{9}-1\frac{5}{6}$

⑭ $3\frac{3}{8}-2\frac{5}{6}$

⑮ $2\frac{2}{7}-1\frac{13}{14}$

⑯ $2\frac{1}{12}-1\frac{3}{4}$

⑰ $2\frac{5}{12}-1\frac{7}{8}$

⑱ $3\frac{4}{21}-2\frac{9}{14}$

⑲ $4\frac{1}{6}-3\frac{11}{12}$

⑳ $5\frac{2}{15}-1\frac{3}{10}$

復習テスト(9)

月　日

時間 20分【はやい15分・おそい25分】　得点

合格 80点　　点

1 ひき算をしなさい。(1つ5点)

① $1\frac{1}{5}-\frac{7}{10}$

② $2\frac{4}{9}-\frac{5}{6}$

③ $1\frac{3}{16}-\frac{11}{12}$

④ $3\frac{5}{12}-\frac{7}{8}$

⑤ $5-\frac{5}{12}$

⑥ $3\frac{1}{6}-\frac{3}{10}$

⑦ $4\frac{1}{2}-\frac{9}{10}$

⑧ $4\frac{1}{3}-\frac{11}{15}$

⑨ $5\frac{2}{11}-\frac{2}{7}$

⑩ $6\frac{5}{13}-\frac{2}{3}$

⑪ $2\frac{2}{3}-1\frac{3}{5}$

⑫ $3\frac{3}{4}-2\frac{5}{8}$

⑬ $3\frac{1}{10}-1\frac{7}{15}$

⑭ $4\frac{7}{15}-3\frac{13}{18}$

⑮ $4\frac{1}{2}-2\frac{3}{4}$

⑯ $5\frac{1}{14}-2\frac{6}{7}$

⑰ $7\frac{2}{9}-3\frac{5}{8}$

⑱ $10\frac{1}{8}-4\frac{7}{16}$

⑲ $8\frac{3}{10}-2\frac{11}{15}$

⑳ $6\frac{4}{9}-3\frac{11}{12}$

復習テスト(10)

時間 20分 【はやい15分・おそい25分】
合格 80点
得点 　点

1 ひき算をしなさい。（1つ5点）

① $1\frac{1}{4}-\frac{5}{6}$

② $1\frac{2}{5}-\frac{9}{10}$

③ $2\frac{1}{3}-\frac{4}{9}$

④ $1\frac{3}{7}-\frac{19}{21}$

⑤ $4\frac{1}{6}-\frac{7}{8}$

⑥ $1\frac{1}{8}-\frac{2}{3}$

⑦ $2\frac{2}{9}-\frac{5}{6}$

⑧ $3\frac{3}{10}-\frac{3}{5}$

⑨ $2-\frac{4}{7}$

⑩ $1\frac{3}{14}-\frac{5}{7}$

⑪ $3\frac{5}{8}-1\frac{1}{4}$

⑫ $7\frac{7}{10}-2\frac{4}{15}$

⑬ $4\frac{7}{12}-3\frac{5}{6}$

⑭ $8\frac{3}{20}-2\frac{13}{15}$

⑮ $10\frac{1}{8}-5\frac{9}{16}$

⑯ $9\frac{16}{21}-8\frac{13}{14}$

⑰ $3\frac{1}{6}-2\frac{5}{8}$

⑱ $5\frac{1}{9}-2\frac{1}{7}$

⑲ $6\frac{3}{22}-5\frac{5}{33}$

⑳ $7\frac{4}{13}-2\frac{20}{39}$

分母のちがう３つの分数の計算 (1)

$\frac{4}{5}-\frac{1}{2}+\frac{1}{10}$ の計算

計算のしかた

$\frac{4}{5}-\frac{1}{2}+\frac{1}{10}$

❶ 分母がちがうので，通分する
（5と2と10の最小公倍数10を共通の分母にする）

$=\frac{8}{10}-\frac{5}{10}+\frac{1}{10}$

❷ 分母はそのままにして，分子だけの計算をする

$=\frac{\cancel{4}^{2}}{\cancel{10}_{5}}$

❸ 約分できるから，約分する
（10と4の最大公約数2で，分母と分子をわる）

$=\frac{2}{5}$

□をうめて，計算のしかたを覚えよう。

❶ 分母がちがうので ① して，$\frac{4}{5}-\frac{1}{2}+\frac{1}{10}$ の式を

$\frac{8}{②}-\frac{5}{②}+\frac{1}{②}$ に直します。

❷ 通分した分母の10はそのままにして，分子だけを計算すると，8−5+1= ③ になります。

❸ $\frac{4}{10}$ は約分できるので約分すると，答えは ④ になります。

覚えよう たし算とひき算が混じった３つの分数の計算でも，分母がちがうときは，通分してから，分子だけを左から順に計算します。

計算してみよう

/10個

1 計算をしなさい。

① $\frac{1}{6}+\frac{3}{8}+\frac{1}{4}$

② $\frac{5}{12}+\frac{1}{4}+\frac{5}{8}$

③ $1\frac{4}{5}+\frac{8}{15}+2\frac{7}{10}$

④ $\frac{3}{4}+\frac{2}{3}-\frac{1}{2}$

⑤ $2\frac{1}{7}+\frac{2}{3}-1\frac{7}{21}$

⑥ $3\frac{5}{8}+1\frac{1}{6}-2\frac{5}{12}$

⑦ $4-\frac{2}{3}+1\frac{7}{15}$

⑧ $3\frac{1}{6}-1\frac{5}{8}+2\frac{1}{4}$

⑨ $1\frac{11}{12}-\frac{7}{9}-\frac{5}{6}$

⑩ $3\frac{3}{20}-\frac{18}{25}-\frac{14}{15}$

分母のちがう３つの分数の計算 (2)★

$\frac{5}{6}-\left(\frac{1}{4}+\frac{1}{3}\right)$ の計算

計算のしかた

$$\frac{5}{6}-\left(\frac{1}{4}+\frac{1}{3}\right)$$

❶ 分母がちがうので，通分する（6と4と3の最小公倍数12を共通の分母にする）

$$=\frac{10}{12}-\left(\frac{3}{12}+\frac{4}{12}\right)$$

❷ かっこの中を先に計算する

$$=\frac{10}{12}-\frac{7}{12}$$

❸ 分母はそのままにして，分子だけの計算をする

$$=\frac{\overset{1}{\cancel{3}}}{\underset{4}{\cancel{12}}}$$

❹ 約分できるから，約分する（12と3の最大公約数3で，分母と分子をわる）

$$=\frac{1}{4}$$

□をうめて，計算のしかたを覚えよう。

❶ 分母がちがうので［①　　］して，$\frac{5}{6}-\left(\frac{1}{4}+\frac{1}{3}\right)$ の式を

$\frac{10}{[②\quad]}-\left(\frac{3}{[②\quad]}+\frac{4}{[②\quad]}\right)$ に直します。

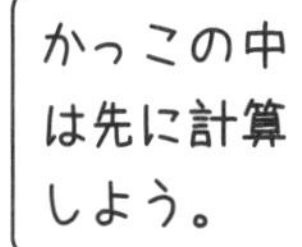

❷ かっこの中の計算 $\frac{3}{12}+\frac{4}{12}=$［③　　］を先にします。

❸ 分母の12はそのままにして，分子だけをひくと，

$10-7=$［④　　］になります。

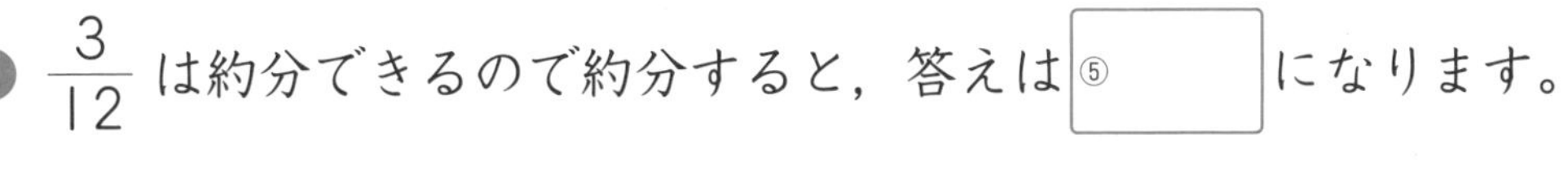

❹ $\frac{3}{12}$ は約分できるので約分すると，答えは［⑤　　］になります。

覚えよう　かっこのある計算は，かっこの中を先に計算します。

計算してみよう

/10個

1 計算をしなさい。

① $\left(\frac{5}{8}+\frac{3}{4}\right)+\frac{1}{6}$

② $\frac{1}{2}+\left(\frac{5}{6}-\frac{3}{4}\right)$

③ $\left(\frac{17}{21}-\frac{3}{7}\right)+\frac{3}{14}$

④ $\left(\frac{35}{36}-\frac{5}{6}\right)-\frac{1}{12}$

⑤ $\frac{35}{36}-\left(\frac{5}{6}-\frac{1}{12}\right)$

⑥ $1\frac{1}{6}+\left(2\frac{2}{3}+\frac{1}{2}\right)$

⑦ $\frac{4}{5}+\left(4\frac{2}{5}-2\frac{1}{7}\right)$

⑧ $\left(6\frac{12}{13}-2\frac{1}{2}\right)-\frac{3}{26}$

⑨ $7\frac{17}{20}-\left(3-\frac{2}{5}\right)$

⑩ $6\frac{1}{5}-\left(3\frac{1}{2}+1\frac{7}{8}\right)$

復習テスト(11)

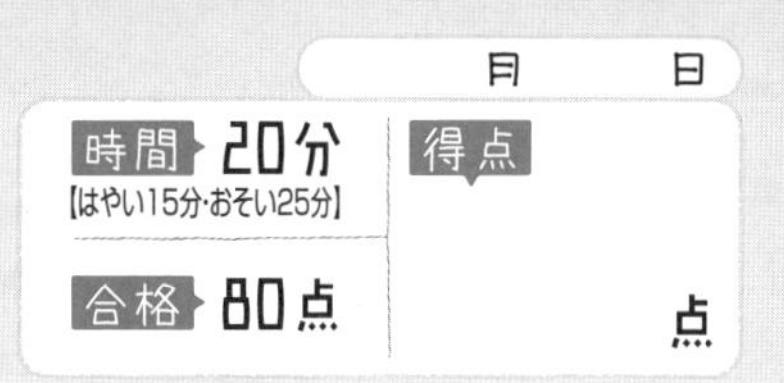

1 計算をしなさい。(1つ10点)

① $\frac{3}{10}+\frac{2}{5}+\frac{11}{15}$

② $3\frac{3}{7}+\frac{3}{4}+2\frac{3}{14}$

③ $\frac{5}{9}+\frac{5}{6}-\frac{2}{3}$

④ $2\frac{3}{4}+5\frac{1}{2}-4\frac{6}{7}$

⑤ $6\frac{1}{2}-\frac{2}{3}+1\frac{4}{5}$

⑥ $7-1\frac{3}{7}+2\frac{1}{2}$

⑦ $5\frac{1}{8}-1\frac{7}{12}-2\frac{5}{6}$

★⑧ $4\frac{4}{5}+\left(2\frac{1}{4}-1\frac{2}{3}\right)$

★⑨ $3\frac{1}{3}-\left(\frac{2}{9}+\frac{1}{6}\right)$

★⑩ $1\frac{1}{6}-\left(1\frac{1}{4}-\frac{17}{20}\right)$

復習テスト(12)

時間 20分 【はやい15分・おそい25分】
合格 80点
得点 点

1 計算をしなさい。(1つ10点)

① $\frac{3}{8}+\frac{1}{2}+\frac{5}{6}$

② $\frac{2}{3}+1\frac{5}{9}-1\frac{5}{6}$

③ $2\frac{7}{15}-\frac{2}{3}-\frac{4}{5}$

★④ $\left(\frac{1}{2}+\frac{2}{3}\right)+\frac{5}{6}$

★⑤ $5\frac{1}{5}+\left(2\frac{1}{10}-1\frac{1}{2}\right)$

★⑥ $\left(\frac{13}{14}-\frac{1}{2}\right)+1\frac{5}{7}$

★⑦ $8\frac{1}{6}-\left(4\frac{7}{9}+2\frac{5}{12}\right)$

★⑧ $4\frac{5}{6}-\left(\frac{2}{3}-\frac{1}{4}\right)$

★⑨ $\left(7\frac{5}{11}-2\frac{1}{2}\right)-\frac{1}{4}$

★⑩ $5\frac{1}{16}-\left(4\frac{5}{12}-3\frac{7}{8}\right)$

23日 まとめテスト(5)

月　日

時間 25分 【はやい20分・おそい30分】

合格 80点

得点　　点

1 計算をしなさい。(1つ8点)

① $1\frac{3}{8}-\frac{3}{4}$

② $2\frac{7}{12}-\frac{5}{6}$

③ $1\frac{3}{5}-\frac{7}{10}$

④ $3\frac{7}{12}-\frac{5}{8}$

⑤ $4\frac{3}{10}-2\frac{7}{15}$

⑥ $5\frac{1}{2}-3\frac{3}{4}$

⑦ $5\frac{7}{9}-2\frac{5}{12}$

⑧ $5\frac{8}{15}-3\frac{11}{18}$

2 計算をしなさい。(1つ9点)

① $\frac{5}{8}+4\frac{1}{3}+\frac{5}{6}$

② $8\frac{1}{7}-3\frac{2}{9}+1\frac{2}{3}$

★③ $8\frac{1}{7}-\left(3\frac{2}{9}+1\frac{2}{3}\right)$

④ $9\frac{1}{2}-5\frac{3}{11}-2\frac{2}{3}$

まとめテスト(6)

時間 25分【はやい20分・おそい30分】
合格 80点
得点 　点

1 計算をしなさい。(1つ8点)

① $1\frac{3}{8}-\frac{7}{12}$

② $1\frac{5}{8}-\frac{4}{7}$

③ $5-\frac{4}{9}$

④ $4-2\frac{3}{5}$

⑤ $5\frac{1}{12}-2\frac{3}{8}$

⑥ $4\frac{14}{15}-3\frac{7}{12}$

⑦ $3\frac{1}{6}-2\frac{5}{8}$

⑧ $4\frac{2}{3}-2\frac{9}{10}$

2 計算をしなさい。(1つ9点)

① $1\frac{5}{8}+\frac{3}{4}+1\frac{5}{6}$

② $7\frac{2}{9}-2\frac{7}{12}-3\frac{5}{6}$

★③ $2\frac{1}{6}-\left(3\frac{1}{2}-1\frac{5}{9}\right)$

★④ $4\frac{1}{2}-\left(4-3\frac{1}{3}\right)+\frac{3}{4}$

わり算と分数

2÷3 を分数で表す

計算のしかた

❶ 2÷3 を小数で表す

2÷3=0.66…　←正確に表せない

❷ 2÷3 を分数で表す

$2÷3=\frac{2}{3}$　←わられる数／←わる数

□をうめて，計算のしかたを覚えよう。

❶ 2÷3 の商は①□となり，小数では正確(せいかく)に表せません。

❷ 2÷3 を，2L を②□等分するときの式だと考えます。

下の図のように，1L の入れ物が2つあるとすると，2L の②□等分は $\frac{1}{3}$ L が③□つだから，④□L になります。

つまり，2÷3 を分数で表すと④□になります。

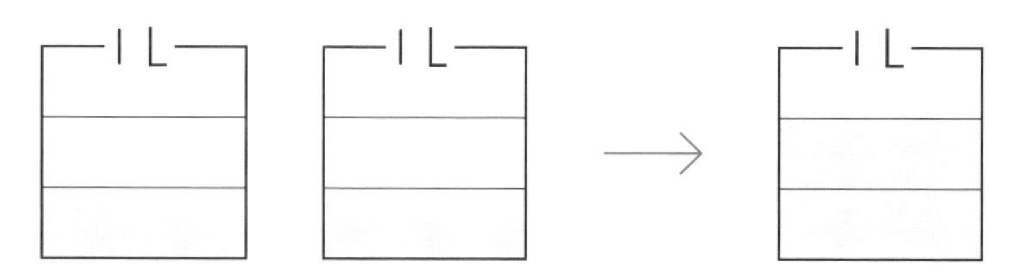

・わり算の商は，わられる数を分子，わる数を分母とする分数で表すことができます。

●÷■=$\frac{●}{■}$　…わられる数／…わる数

・分数は，分子を分母でわった商を表す数とみることもできます。

計算してみよう

時間 20分【はやい15分・おそい25分】 正答 /20個
合格 16個

1 わり算の商を分数で表しなさい。

① $3 \div 5$　② $4 \div 7$

③ $5 \div 11$　④ $7 \div 13$

⑤ $3 \div 7$　⑥ $8 \div 15$

⑦ $5 \div 12$　⑧ $9 \div 16$

⑨ $6 \div 5$　⑩ $7 \div 4$

⑪ $12 \div 7$　⑫ $11 \div 6$

⑬ $30 \div 13$　⑭ $50 \div 17$

⑮ $6 \div 1$　⑯ $9 \div 4$

2 □ にあてはまる数を書きなさい。

① $\frac{3}{4} = 3 \div \square$　② $\frac{7}{3} = \square \div 3$

③ $2\frac{1}{4} = \frac{\square}{4} = \square \div 4$　④ $\frac{7}{1} = 7 \div \square$

月　　日

分数と小数・整数

$\frac{2}{5}$と$1\frac{2}{5}$を小数，0.73と3を分数で表す

計算のしかた

❶ $\frac{2}{5}=2\div5=0.4$（わり算にする）

❷ $1\frac{2}{5}=\frac{7}{5}=7\div5=1.4$（仮分数にする／わり算にする）

（❶❷：小数で表す）

❸ 0.73 → 0.01 が 73 個 → $\frac{1}{100}$ が 73 個 → $\frac{73}{100}$

❹ $3=3\div1=\frac{3}{1}$（わり算にする）

（❸❹：分数で表す）

□をうめて，計算のしかたを覚えよう。

❶ $\frac{2}{5}=2\div$［①　］なので，$2\div$［①　］＝［②　］になります。

❷ $1\frac{2}{5}$を［③　］に直すと，$\frac{7}{5}$になります。$\frac{7}{5}=$［④　］$\div5$ なので，

［④　］$\div5=$［⑤　］になります。

または，$1\frac{2}{5}=1+\frac{2}{5}=1+2\div5=1+0.4=1.4$ という求め方もあります。

❸ 0.73 は 0.01 が［⑥　］個分（こぶん）です。0.01 は［⑦　］だから，0.73 は

$\frac{1}{100}$が［⑥　］個分になります。つまり，0.73＝［⑧　］になります。

❹ $3=3\div$［⑨　］なので，$3\div$［⑨　］＝［⑩　］になります。

覚えよう

- 分数を小数に直すには，分子を分母でわります。
- 小数は，10 や 100 などを分母とする分数に直すことができます。
- 整数は，1 などを分母とする分数に直すことができます。

計算してみよう

時間 20分 【はやい15分・おそい25分】
合格 14個
正答 ／18個

1 分数を小数や整数で表しなさい。

① $\frac{1}{2}$　② $\frac{7}{10}$

③ $\frac{11}{8}$　④ $2\frac{4}{5}$

⑤ $1\frac{1}{4}$　⑥ $\frac{5}{1}$

2 小数や整数を分数で表しなさい。

① 0.3　② 0.8

③ 0.11　④ 0.55

⑤ 1.5　⑥ 3.15

⑦ 4　⑧ 6

★
3 分数を小数に直し，上から3けたのがい数で表しなさい。

① $\frac{11}{9}$　② $3\frac{1}{7}$

③ $\frac{7}{6}$　④ $2\frac{2}{3}$

26日 復習テスト(13)

月　日

時間 20分【はやい15分・おそい25分】
合格 80点
得点　点

1 □にあてはまる数を書きなさい。(1つ5点)

① $1 \div 7 = \frac{1}{\square}$

② $5 \div 4 = \frac{5}{\square} = 1\frac{1}{4}$

③ $\frac{6}{7} = \square \div 7$

④ $1\frac{7}{9} = \frac{\square}{9} = 16 \div \square$

2 分数は小数や整数で，小数や整数は分数で表しなさい。(1つ5点)

① $\frac{12}{25}$

② $\frac{7}{4}$

③ $2\frac{5}{8}$

④ $\frac{36}{4}$

⑤ 0.9

⑥ 1.7

⑦ 0.37

⑧ 3.02

⑨ 0.184

⑩ 9

3 □にあてはまる不等号を書きなさい。(1つ5点)

① $0.38 \square \frac{39}{100}$

② $0.6 \square \frac{4}{5}$

③ $\frac{6}{7} \square 0.85$

④ $\frac{7}{8} \square 0.9$

⑤ $0.27 \square \frac{4}{15}$

⑥ $\frac{11}{12} \square 0.917$

復習テスト(14)

時間 20分【はやい15分・おそい25分】 合格 80点 得点 点

1 □にあてはまる数を書きなさい。(1つ5点)

① $9 \div 11 = \frac{\square}{11}$

② $7 \div 13 = \frac{7}{\square}$

③ $\frac{5}{18} = \square \div 18$

④ $3 = \frac{\square}{1} = \frac{12}{\square}$

2 分数は小数で，小数は分数で表しなさい。(1つ6点)

① $\frac{1}{5}$

② $\frac{21}{16}$

③ $1\frac{1}{8}$

④ $\frac{62}{25}$

⑤ 0.7

⑥ 0.99

⑦ 2.5

⑧ 2.67

⑨ 2.52

⑩ 0.475

★3 分数を小数に直し，上から3けたのがい数で表しなさい。(1つ5点)

① $\frac{13}{6}$

② $1\frac{4}{9}$

③ $\frac{8}{7}$

④ $3\frac{1}{3}$

月　日

27日 小数・分数のたし算とひき算 (1)

$1.7-\frac{2}{3}$ の計算

計算のしかた

$$1.7-\frac{2}{3}$$

❶ 小数を分数に直す

$$=1\frac{7}{10}-\frac{2}{3}$$

❷ 分母がちがうので，通分する
（10 と 3 の最小公倍数 30 を共通の分母にする）

$$=1\frac{21}{30}-\frac{20}{30}$$

❸ 分母はそのままにして，分子だけの計算をする

$$=1\frac{1}{30}$$

□をうめて，計算のしかたを覚えよう。

❶ 小数を分数に直すと，1.7=①□ だから，

$1.7-\frac{2}{3}=$①□$-\frac{2}{3}$ になります。

❷ 分母がちがうので②□して，①□$-\frac{2}{3}$ の式を

$1\frac{21}{③□}-\frac{20}{③□}$ に直します。

❸ 通分した分母の 30 はそのままにして，分子だけを計算すると，

21−20=④□ になります。

答えは，⑤□

覚えよう 小数・分数の混じったたし算やひき算は，小数を分数に直してから，分数どうしのたし算やひき算と同じように計算できます。

計算してみよう

時間 25分 【はやい20分・おそい30分】
合格 16個
正答 /20個

1 たし算をしなさい。

① $\frac{1}{2}+0.3$

② $0.2+\frac{2}{15}$

③ $\frac{7}{20}+0.13$

④ $0.65+\frac{1}{12}$

⑤ $2\frac{5}{6}+0.75$

⑥ $1.7+\frac{2}{15}$

⑦ $\frac{3}{4}+1.6$

⑧ $0.8+1\frac{9}{14}$

⑨ $3\frac{2}{5}+2.4$

⑩ $1.35+3\frac{13}{15}$

2 ひき算をしなさい。

① $\frac{5}{6}-0.5$

② $0.9-\frac{8}{15}$

③ $\frac{3}{5}-0.25$

④ $0.875-\frac{7}{12}$

⑤ $1\frac{1}{4}-0.3$

⑥ $1.5-\frac{1}{3}$

⑦ $1\frac{2}{15}-0.8$

⑧ $2.375-\frac{7}{10}$

⑨ $2\frac{1}{12}-1.75$

⑩ $3.125-1\frac{7}{16}$

小数・分数のたし算とひき算 (2)

$\frac{1}{2}+0.75-\frac{4}{5}$ の計算

計算のしかた

$\frac{1}{2}+0.75-\frac{4}{5}$

❶ 小数を分数に直す

$=\frac{1}{2}+\frac{3}{4}-\frac{4}{5}$

❷ 分母がちがうので，通分する
（2 と 4 と 5 の最小公倍数 20 を共通の分母にする）

$=\frac{10}{20}+\frac{15}{20}-\frac{16}{20}$

❸ 分母はそのままにして，分子だけの計算をする

$=\frac{9}{20}$

□をうめて，計算のしかたを覚えよう。

❶ 小数を分数に直すと，$0.75=\frac{①\square}{100}=②\square$ だから，

$\frac{1}{2}+0.75-\frac{4}{5}=\frac{1}{2}+②\square-\frac{4}{5}$ になります。

❷ 分母がちがうので ③□ して，$\frac{1}{2}+②\square-\frac{4}{5}$ の式を

$\frac{10}{④\square}+\frac{15}{④\square}-\frac{16}{④\square}$ に直します。

❸ 通分した分母の 20 はそのままにして，分子だけを計算すると，

$10+15-16=⑤\square$ になります。

答えは，⑥□

覚えよう 3 つの小数・分数のたし算やひき算も，小数を分数に直すといつでも計算できます。

計算してみよう

時間 20分
【はやい15分・おそい25分】

／10個

1 計算をしなさい。

① $\frac{5}{8}+0.4+\frac{1}{2}$

② $0.25+\frac{2}{3}+1\frac{1}{12}$

③ $\frac{3}{4}+1.5+\frac{7}{12}$

④ $\frac{4}{9}+\frac{7}{10}-0.2$

⑤ $1\frac{2}{5}+\frac{1}{4}-0.8$

⑥ $0.8+1\frac{5}{12}-\frac{7}{15}$

⑦ $1\frac{2}{5}-0.9+\frac{3}{4}$

⑧ $2\frac{7}{8}-1.8+\frac{1}{2}$

⑨ $2\frac{5}{6}-0.4-1\frac{1}{3}$

⑩ $3\frac{5}{12}-\frac{1}{6}-1.65$

29日

復習テスト(15)

月　日

時間 20分 【はやい15分・おそい25分】
合格 80点
得点　　点

1 計算をしなさい。(1つ6点)

① $\frac{1}{6}+0.7$

② $0.875+\frac{6}{7}$

③ $\frac{11}{12}+3.375$

④ $0.6+1\frac{5}{9}$

⑤ $1\frac{8}{15}+3.9$

⑥ $0.75-\frac{1}{6}$

⑦ $2\frac{9}{10}-0.4$

⑧ $1.25-\frac{4}{7}$

⑨ $3\frac{1}{3}-1.375$

⑩ $4.8-2\frac{7}{12}$

2 計算をしなさい。(1つ8点)

① $\frac{2}{3}+0.75+\frac{1}{2}$

② $1.8+\frac{8}{15}+2\frac{7}{10}$

③ $1\frac{5}{14}+3.4-2\frac{1}{7}$

④ $3\frac{1}{6}-\frac{2}{3}+1.8$

⑤ $3.125-1\frac{1}{3}-\frac{5}{6}$

復習テスト(16)

時間 25分【はやい20分・おそい30分】 得点 点
合格 80点

1 計算をしなさい。(1つ9点)

① $1\frac{5}{6}+2.625+\frac{1}{12}$

② $0.68+4\frac{2}{5}-3\frac{7}{25}$

③ $2\frac{2}{9}-1.625+3\frac{1}{2}$

④ $4\frac{3}{5}-1.76-2\frac{3}{10}$

⑤ $5\frac{1}{10}-1\frac{1}{6}-2.46$

★**2** 計算をしなさい。(1つ11点)

① $4-\left(2.72+\frac{3}{10}\right)$

② $4\frac{5}{6}-\left(3.5-1\frac{5}{9}\right)$

③ $5\frac{7}{8}-\left(2\frac{2}{3}+1.5\right)$

④ $3\frac{2}{5}-\left(2.28-1\frac{7}{15}\right)$

⑤ $4\frac{4}{9}-\left(\frac{1}{3}+2.2\right)$

まとめテスト(7)

月　日

時間 25分 【はやい20分・おそい30分】
合格 80点
得点　点

1 □にあてはまる数を書きなさい。(1つ5点)

① $1 \div 6 = \frac{1}{\square}$

② $42 \div 24 = \frac{42}{\square} = \frac{7}{\square} = 1\frac{3}{4}$

③ $\frac{5}{8} = \square \div 8$

④ $1\frac{5}{6} = \frac{\square}{6} = 11 \div \square$

⑤ $0.7 = \frac{7}{\square}$

⑥ $0.68 = \frac{68}{\square} = \frac{\square}{25}$

⑦ $4.26 = 4\frac{26}{\square} = 4\frac{\square}{50}$

⑧ $15 = 15 \div \square = \frac{15}{\square}$

⑨ $3.32 = 3\frac{32}{\square} = 3\frac{\square}{25}$

⑩ $7 = 14 \div \square = \frac{14}{\square}$

2 計算をしなさい。(1つ5点)

① $0.5 + \frac{7}{13}$

② $\frac{5}{6} + 1.8$

③ $0.36 + 2\frac{11}{15}$

④ $1\frac{9}{28} + 1.85$

⑤ $2.375 + 3\frac{9}{13}$

⑥ $\frac{7}{11} - 0.6$

⑦ $1.75 - \frac{8}{9}$

⑧ $2\frac{1}{12} - 0.27$

⑨ $3.88 - 1\frac{43}{50}$

⑩ $4\frac{3}{18} - 1.625$

まとめテスト(8)

時間 25分 【はやい20分・おそい30分】 合格 80点 得点 点

1 分数を，小数や整数で表しなさい。(1つ6点)

① $\frac{14}{25}$　② $\frac{9}{4}$

③ $3\frac{3}{8}$　④ $\frac{24}{6}$

★**2** 分数を小数に直し，上から3けたのがい数で表しなさい。(1つ6点)

① $\frac{12}{7}$　② $1\frac{2}{9}$

3 □にあてはまる等号や不等号を書きなさい。(1つ7点)

① $\frac{4}{5}$□0.75　② $1\frac{5}{12}$□1.42

③ 3.25□$3\frac{1}{4}$　④ $2\frac{1}{9}$□2.11

4 計算をしなさい。(1つ9点)

① $2\frac{4}{5}+0.3+\frac{1}{3}$

② $1\frac{4}{7}+2.75-2\frac{5}{14}$

③ $3.875-\frac{13}{14}+2\frac{1}{7}$

④ $4.5625-\frac{5}{8}-1\frac{7}{12}$

進級テスト (1)

月　日

時間 40分 【はやい35分・おそい45分】　得点
合格 80点　　点

1 計算をしなさい。(1つ3点)

① $\frac{1}{9}+\frac{5}{18}$

② $\frac{13}{15}+\frac{7}{12}$

③ $1\frac{7}{9}+\frac{2}{3}$

④ $1\frac{1}{2}+3\frac{9}{10}$

⑤ $3\frac{11}{12}+2\frac{7}{8}$

⑥ $\frac{5}{8}-\frac{1}{6}$

⑦ $1\frac{1}{5}-\frac{3}{10}$

⑧ $2\frac{5}{12}-\frac{3}{4}$

⑨ $4\frac{2}{9}-3\frac{5}{6}$

⑩ $6\frac{7}{24}-2\frac{13}{18}$

2 計算をしなさい。(1つ3点)

① $0.3+\frac{2}{5}$

② $\frac{7}{8}+0.13$

③ $2\frac{1}{2}-0.34$

④ $1\frac{3}{4}-0.632$

⑤ $\frac{2}{3}+0.5$

⑥ $1.25+\frac{2}{7}$

⑦ $0.8-\frac{1}{3}$

⑧ $1.8125-1\frac{5}{8}$

★3 $\frac{5}{6}+1.21$ の計算を，分数を小数に直して，$\frac{1}{100}$ の位までのがい数で求めなさい。(4点)

4 計算をしなさい。(1つ3点)

① $\frac{5}{6}+1\frac{2}{3}+2\frac{7}{9}$

★② $3\frac{3}{16}-\left(1\frac{5}{12}+\frac{7}{8}\right)$

★③ $1\frac{1}{8}-\left(4\frac{1}{6}-3\frac{1}{4}\right)$

★④ $\frac{1}{3}+0.7+0.8$

★⑤ $\left(4\frac{5}{9}-2.5\right)-1\frac{5}{6}$

5 分数を小数や整数で表しなさい。(1つ3点)

① $\frac{21}{25}$

② $\frac{5}{8}$

③ $\frac{42}{6}$

④ $\frac{72}{9}$

6 計算をしなさい。(1つ5点)

① $2\frac{2}{9}+1.6-2\frac{2}{3}$

② $1\frac{5}{12}-\frac{2}{3}+2.4375$

③ $2.125-\frac{1}{9}-\frac{23}{36}$

進級テスト(2)

月　日

時間 40分 【はやい35分·おそい45分】
合格 80点
得点　点

1 計算をしなさい。(1つ3点)

① $\frac{1}{3}+\frac{2}{5}$

② $\frac{2}{3}+\frac{5}{9}$

③ $1\frac{2}{3}+1\frac{1}{6}$

④ $1\frac{3}{4}+2\frac{1}{3}$

⑤ $2\frac{1}{6}+4\frac{7}{10}$

⑥ $\frac{3}{5}-\frac{2}{7}$

⑦ $\frac{5}{6}-\frac{1}{12}$

⑧ $2\frac{7}{10}-1\frac{8}{15}$

⑨ $4\frac{5}{8}-2\frac{5}{6}$

⑩ $2\frac{7}{12}-\frac{8}{15}$

2 分数は小数や整数で，小数は分数で表しなさい。(1つ2点)

① $\frac{2}{5}$

② $\frac{9}{3}$

③ $1\frac{5}{8}$

④ $\frac{23}{4}$

⑤ 0.32

⑥ 0.056

⑦ 1.375

⑧ 0.88

3 □にあてはまる不等号を書きなさい。(1つ3点)

① $0.84\square\frac{5}{6}$

② $1.35\square1\frac{4}{11}$

4 計算をしなさい。(1つ3点)

① $\frac{2}{3}+\frac{1}{2}+1\frac{5}{6}$

② $1\frac{4}{5}-\frac{3}{10}+2\frac{1}{4}$

③ $\frac{4}{9}+1\frac{2}{3}-\frac{7}{18}$

④ $4-2\frac{5}{7}+\frac{3}{4}$

★⑤ $2\frac{2}{3}-\left(\frac{4}{5}+\frac{7}{15}\right)$

★⑥ $\left(1\frac{5}{6}+\frac{7}{9}\right)-1\frac{1}{2}$

5 計算をしなさい。(1つ3点)

① $\frac{3}{4}-0.5$

② $\frac{1}{6}+0.25$

③ $2.4+\frac{2}{3}$

④ $1\frac{5}{6}-1.125$

⑤ $2.76-\frac{14}{75}$

⑥ $\frac{9}{20}+2.82$

⑦ $2.675+2\frac{29}{60}$

⑧ $3\frac{13}{30}-1.94$

⑨ $4.775-2\frac{27}{32}$

⑩ $2\frac{7}{60}+1.9375$

●1ページ

1 ①1.5　②630　③4.8　④0.24
⑤0.003　⑥0.0063

チェックポイント　(小数)×(小数) の積の小数点以下のけた数は，かけられる数とかける数の小数点以下のけた数の和になります。

2 ①456　②741　③3087　④503.7
⑤36181.6　⑥46.2　⑦5.1　⑧773.913
⑨17.1　⑩9.024　⑪4.76　⑫240.63
⑬3.2629　⑭0.081928

計算のしかた

```
①   5.7      ②   0.95       ③   0.49
   × 80        ×  780         × 6300
   456.0          760           147
                 665            294
                 741.00       3087.00

④   73       ⑨    3.8 … 1けた
   ×6.9          × 4.5 … 1けた
    657            190
   438            152
   503.7          17.10 … 2けた
```

●2ページ

1 ①70　②900　③600　④600
⑤400000　⑥6　⑦900　⑧80

2 ①7.4　②48　③52　④5.825　⑤7.75
⑥3.2　⑦1.4　⑧48余り0.36
⑨5.0余り0.2

チェックポイント　小数でわる筆算では，わる数とわられる数の小数点を同じけた数だけ右に移し，わる数を整数に直してから計算します。
⑥は $\frac{1}{100}$ の位，⑦は上から3けた目の数を四捨五入します。
⑧，⑨は余りの小数点の位置に注意します。

計算のしかた

```
②          48        ③       52
0.75)36.00           0.9)46.8
     300                 45
     600                  18
     600                  18
       0                   0

⑥        3.21        ⑦        1.35 (4)
4.7)15.1             0.94)1.27
    141                    94
     100                   330
      94                   282
       60                   480
       47                   470

⑧          48        ⑨        5.0
0.73)35.40           8.6)43.2
     292                 430
      620                 0.20
      584
      0.36
```

●3ページ

1 ①2.4　②3.6　③5.6　④0.36
⑤0.0018　⑥10

2 ①1820　②6660　③31.2　④347.2
⑤93.6　⑥312.8　⑦45.36　⑧15.6
⑨8.514　⑩8.1848　⑪0.06466
⑫10.248　⑬0.05004　⑭0.0635

チェックポイント　積の最後の数が0になるときは，小数点をうってから0を消します。また，積に小数点をうつときにけた数がたりないときは，積に0をつけたします。

計算のしかた

```
⑧   2.4      ⑬    2.78       ⑭    0.254
   ×6.5         ×0.018            × 0.25
    120           2224              1270
   144            278               508
   15.60        0.05004           0.06350
```

●4ページ

1 ①90　②700　③100　④700
⑤200000　⑥4　⑦900　⑧90

2 ①24　②260　③74　④6.5　⑤0.85
⑥2.1　⑦4.1　⑧4 余(あま)り 0.01
⑨3.3 余り 0.031

チェックポイント 余りの小数点は，わられる数のもとの小数点の位置に合わせてうちます。

計算のしかた

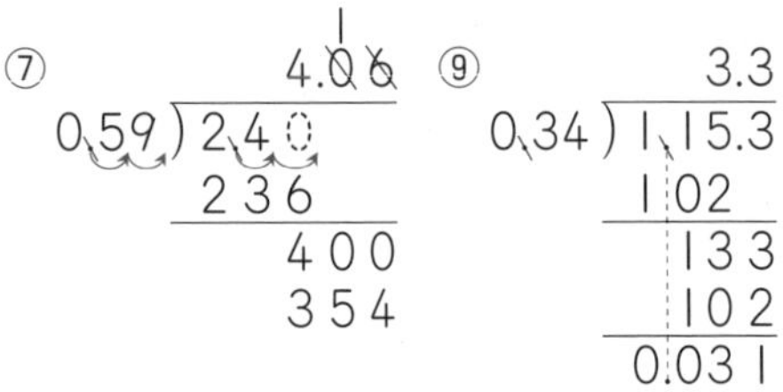

⑦
```
           4.06
0.59 ) 2.40
       2 3 6
       -----
         4 0 0
         3 5 4
```

⑨
```
            3.3
0.34 ) 1.15.3
       1 02
       -----
         133
         102
       -----
       0.031
```

●5ページ

□内　①2　②6　③3　④9　⑤2　⑥3
⑦3　⑧3　⑨3　⑩$\frac{3}{4}$

●6ページ

1 ①2　②6　③20　④10　⑤24　⑥7
⑦5　⑧4　⑨24，3　⑩15，6

チェックポイント 分母と分子に同じ数をかけても，分母と分子を同じ数でわっても，分数の大きさは変わりません。

計算のしかた

①$3\times2=6$ だから，$\frac{1}{3}=\frac{1\times2}{3\times2}=\frac{2}{6}$

⑤$3\times3=9$ だから，$\frac{3}{8}=\frac{3\times3}{8\times3}=\frac{9}{24}$

⑥$18\div9=2$ だから，$\frac{14}{18}=\frac{14\div2}{18\div2}=\frac{7}{9}$

⑧$21\div3=7$ だから，$\frac{21}{28}=\frac{21\div7}{28\div7}=\frac{3}{4}$

⑨$18\div9=2$ だから，$\frac{18}{48}=\frac{18\div2}{48\div2}=\frac{9}{24}$

$48\div8=6$ だから，$\frac{18}{48}=\frac{18\div6}{48\div6}=\frac{3}{8}$

2 ①$\frac{1}{2}$　②$\frac{1}{3}$　③$\frac{3}{5}$　④$\frac{2}{3}$　⑤$\frac{2}{9}$　⑥$\frac{2}{3}$
⑦$\frac{1}{3}$　⑧$\frac{2}{3}$　⑨$1\frac{2}{3}$　⑩$2\frac{1}{3}$

チェックポイント 分数を約分するには，分母と分子をそれらの最大公約数でわります。

計算のしかた

①分母と分子を2でわる。
②分母と分子を3でわる。
④分母と分子を5でわる。
⑥分母と分子を11でわる。
⑦分母と分子を13でわる。
⑨分母と分子を6でわる。
⑩分母と分子を4でわる。

●7ページ

□内　①最小公倍数　②15　③3　④$\frac{12}{15}$
⑤5　⑥$\frac{10}{15}$

●8ページ

1 ①$\frac{6}{10}$，$\frac{5}{10}$　②$\frac{5}{15}$，$\frac{6}{15}$
③$\frac{21}{28}$，$\frac{20}{28}$　④$\frac{18}{30}$，$\frac{25}{30}$　⑤$\frac{2}{4}$，$\frac{3}{4}$
⑥$\frac{2}{8}$，$\frac{3}{8}$　⑦$\frac{12}{15}$，$\frac{13}{15}$　⑧$\frac{16}{28}$，$\frac{9}{28}$
⑨$\frac{3}{12}$，$\frac{2}{12}$　⑩$\frac{15}{18}$，$\frac{14}{18}$
⑪$\frac{15}{24}$，$\frac{14}{24}$　⑫$\frac{21}{30}$，$\frac{16}{30}$
⑬$1\frac{4}{6}$，$1\frac{3}{6}$　⑭$3\frac{5}{12}$，$\frac{10}{12}$
⑮$\frac{9}{21}$，$2\frac{4}{21}$　⑯$4\frac{20}{36}$，$2\frac{33}{36}$
⑰$\frac{15}{30}$，$\frac{20}{30}$，$\frac{18}{30}$　⑱$\frac{20}{36}$，$\frac{27}{36}$，$\frac{12}{36}$
⑲$\frac{6}{36}$，$\frac{27}{36}$，$\frac{32}{36}$　⑳$\frac{20}{24}$，$\frac{21}{24}$，$\frac{22}{24}$

チェックポイント 通分するときは，分母をそれぞれの数の最小公倍数にします。3つの分数を通分するときも，3つの数の最小公倍数を共通な分母とします。

計算のしかた

① 5と2の最小公倍数は10だから，

$\frac{3}{5}=\frac{3\times2}{5\times2}=\frac{6}{10}$，$\frac{1}{2}=\frac{1\times5}{2\times5}=\frac{5}{10}$

⑤ 2と4の最小公倍数は4だから，

$\frac{1}{2}=\frac{1\times2}{2\times2}=\frac{2}{4}$，$\frac{3}{4}=\frac{3\times1}{4\times1}=\frac{3}{4}$

⑰ 2と3と5の最小公倍数は30だから，

$\frac{1}{2}=\frac{1\times3\times5}{2\times3\times5}=\frac{15}{30}$，$\frac{2}{3}=\frac{2\times2\times5}{3\times2\times5}=\frac{20}{30}$，

$\frac{3}{5}=\frac{3\times2\times3}{5\times2\times3}=\frac{18}{30}$

●9ページ

1 ① 9　② 12　③ 4　④ 3　⑤ 3，6
⑥ 2，35

2 ① $\frac{2}{3}$　② $\frac{2}{5}$　③ $\frac{5}{7}$　④ $\frac{3}{4}$　⑤ $1\frac{1}{2}$　⑥ $2\frac{2}{3}$

チェックポイント　分母と分子の最大公約数が見つかれば1回の約分ですみますが，見つからないときはかんたんになるまで約分します。

3 ① $\frac{9}{12}$，$\frac{5}{12}$　② $\frac{3}{18}$，$\frac{16}{18}$
③ $1\frac{4}{12}$，$\frac{9}{12}$　④ $2\frac{9}{24}$，$4\frac{20}{24}$
⑤ $\frac{6}{12}$，$\frac{4}{12}$，$\frac{3}{12}$　⑥ $\frac{12}{18}$，$1\frac{15}{18}$，$\frac{14}{18}$

●10ページ

1 ① $\frac{2}{7}$　② $\frac{6}{7}$　③ $\frac{4}{7}$　④ $\frac{8}{11}$　⑤ $\frac{4}{7}$　⑥ $\frac{3}{5}$
⑦ $3\frac{2}{3}$　⑧ $4\frac{3}{4}$

チェックポイント　⑧51と68の最大公約数は17です。約数の見つけにくい数に注意しましょう。

計算のしかた

⑥ $\frac{39}{65}=\frac{39\div13}{65\div13}=\frac{3}{5}$

⑧ $\frac{51}{68}=\frac{51\div17}{68\div17}=\frac{3}{4}$，$4\frac{51}{68}=4\frac{3}{4}$

2 ① $\frac{9}{10}$，$\frac{4}{10}$　② $\frac{15}{18}$，$\frac{16}{18}$　③ $\frac{9}{12}$，$\frac{2}{12}$
④ $\frac{63}{72}$，$\frac{32}{72}$　⑤ $\frac{9}{14}$，$\frac{6}{14}$　⑥ $\frac{35}{60}$，$\frac{32}{60}$
⑦ $\frac{10}{24}$，$\frac{17}{24}$　⑧ $\frac{3}{24}$，$\frac{10}{24}$　⑨ $\frac{5}{14}$，$2\frac{6}{14}$
⑩ $2\frac{5}{30}$，$2\frac{3}{30}$　⑪ $\frac{15}{24}$，$\frac{18}{24}$，$\frac{4}{24}$
⑫ $2\frac{20}{48}$，$\frac{21}{48}$，$3\frac{22}{48}$

計算のしかた

⑫ 12，16，24の最小公倍数は48だから，

$2\frac{5}{12}=2\frac{20}{48}$，$\frac{7}{16}=\frac{21}{48}$，$3\frac{11}{24}=3\frac{22}{48}$

●11ページ

□内　① 通分　② 30　③ 14　④ $\frac{7}{15}$

●12ページ

1 ① $\frac{3}{4}$　② $\frac{1}{2}$　③ $\frac{1}{3}$　④ $\frac{3}{8}$　⑤ $\frac{7}{24}$　⑥ $\frac{3}{4}$
⑦ $\frac{31}{35}$　⑧ $\frac{7}{18}$　⑨ $\frac{2}{3}$　⑩ $\frac{5}{8}$　⑪ $\frac{4}{5}$　⑫ $\frac{5}{12}$
⑬ $\frac{19}{24}$　⑭ $\frac{3}{10}$　⑮ $\frac{13}{15}$　⑯ $\frac{5}{6}$　⑰ $\frac{13}{15}$
⑱ $\frac{29}{40}$　⑲ $\frac{17}{20}$　⑳ $\frac{1}{10}$

チェックポイント　分母のちがう真分数のたし算は，分母の最小公倍数で通分して計算します。答えが約分できるときは約分します。

計算のしかた

① $\frac{1}{2}+\frac{1}{4}=\frac{2}{4}+\frac{1}{4}=\frac{3}{4}$

② $\frac{1}{3}+\frac{1}{6}=\frac{2}{6}+\frac{1}{6}=\frac{\overset{1}{\cancel{3}}}{\underset{2}{\cancel{6}}}=\frac{1}{2}$

⑬ $\frac{3}{8}+\frac{5}{12}=\frac{9}{24}+\frac{10}{24}=\frac{19}{24}$

⑭ $\frac{1}{6}+\frac{2}{15}=\frac{5}{30}+\frac{4}{30}=\frac{\overset{3}{\cancel{9}}}{\underset{10}{\cancel{30}}}=\frac{3}{10}$

⑰ $\frac{7}{10}+\frac{1}{6}=\frac{21}{30}+\frac{5}{30}=\frac{\overset{13}{\cancel{26}}}{\underset{15}{\cancel{30}}}=\frac{13}{15}$

●13ページ

□内　①通分　②12　③14　④$\frac{7}{6}$　⑤$1\frac{1}{6}$

●14ページ

1　①$1\frac{1}{6}$　②$1\frac{4}{15}$　③$1\frac{9}{28}$　④$1\frac{13}{90}$

⑤$1\frac{1}{6}$　⑥$1\frac{1}{2}$　⑦$1\frac{1}{12}$　⑧$1\frac{3}{10}$

⑨$1\frac{41}{56}$　⑩$1\frac{5}{18}$　⑪$1\frac{1}{10}$　⑫$1\frac{7}{20}$

⑬$1\frac{5}{24}$　⑭$1\frac{2}{35}$　⑮$1\frac{1}{10}$　⑯$1\frac{7}{10}$

⑰$1\frac{13}{40}$　⑱$1\frac{1}{18}$　⑲$1\frac{1}{3}$　⑳$1\frac{2}{27}$

チェックポイント　答えは仮分数(かぶんすう)のままでも正解ですが，帯分数に直すと，大きさがわかりやすくなります。

計算のしかた

① $\frac{1}{2}+\frac{2}{3}=\frac{3}{6}+\frac{4}{6}=\frac{7}{6}=1\frac{1}{6}$

⑤ $\frac{7}{8}+\frac{7}{24}=\frac{21}{24}+\frac{7}{24}=\frac{\overset{7}{\cancel{28}}}{\underset{6}{\cancel{24}}}=\frac{7}{6}=1\frac{1}{6}$

⑯ $\frac{5}{6}+\frac{13}{15}=\frac{25}{30}+\frac{26}{30}=\frac{\overset{17}{\cancel{51}}}{\underset{10}{\cancel{30}}}=\frac{17}{10}=1\frac{7}{10}$

●15ページ

1　①$\frac{5}{8}$　②$\frac{11}{15}$　③$\frac{1}{2}$　④$\frac{19}{30}$　⑤$\frac{5}{12}$　⑥$\frac{1}{2}$

⑦$\frac{4}{5}$　⑧$\frac{13}{15}$　⑨$\frac{11}{14}$　⑩$\frac{27}{40}$

2　①$1\frac{1}{2}$　②$1\frac{1}{15}$　③$1\frac{13}{30}$　④$1\frac{17}{24}$

⑤$1\frac{29}{45}$　⑥$1\frac{4}{9}$　⑦$1\frac{7}{12}$　⑧$1\frac{13}{30}$

⑨$1\frac{1}{6}$　⑩$1\frac{7}{12}$

●16ページ

1　①$\frac{9}{10}$　②$\frac{5}{18}$　③$\frac{5}{12}$　④$\frac{41}{72}$　⑤$\frac{9}{14}$

⑥$\frac{11}{12}$　⑦$\frac{23}{30}$　⑧$\frac{41}{60}$　⑨$1\frac{5}{12}$　⑩$1\frac{17}{24}$

⑪$1\frac{7}{24}$　⑫$1\frac{19}{30}$　⑬$1\frac{11}{18}$　⑭$1\frac{13}{20}$　⑮$\frac{4}{15}$

⑯$\frac{2}{3}$　⑰$\frac{2}{3}$　⑱$1\frac{2}{15}$　⑲$1\frac{1}{2}$　⑳$1\frac{8}{15}$

●17ページ

1　①$\frac{9}{11}$　②$\frac{6}{7}$　③$1\frac{3}{4}$　④$2\frac{2}{3}$

2　①$\frac{14}{26}$，$\frac{5}{26}$　②$\frac{9}{42}$，$\frac{10}{42}$

③$1\frac{5}{15}$，$2\frac{3}{15}$　④$4\frac{21}{24}$，$\frac{10}{24}$

3　①$\frac{7}{8}$　②$\frac{19}{20}$　③$\frac{53}{60}$　④$1\frac{11}{20}$　⑤$1\frac{13}{18}$

⑥$1\frac{10}{21}$　⑦$\frac{37}{42}$　⑧$\frac{2}{3}$　⑨$1\frac{13}{60}$　⑩$1\frac{4}{21}$

⑪$1\frac{12}{35}$　⑫$1\frac{1}{15}$

●18ページ

1　①$\frac{1}{7}$　②$\frac{4}{9}$　③$\frac{1}{3}$　④$1\frac{2}{3}$

チェックポイント　③33と11の最大公約数は11です。約数の少ない数の約分には気をつけましょう。

計算のしかた

③ $\frac{11}{33}=\frac{11\div11}{33\div11}=\frac{1}{3}$

2　①$\frac{8}{30}$，$\frac{5}{30}$　②$\frac{9}{66}$，$\frac{8}{66}$　③$\frac{20}{24}$，$5\frac{3}{24}$

④$3\frac{1}{9}$，$9\frac{6}{9}$

チェックポイント　②22と33の最小公倍数は66なので，66を分母にします。

計算のしかた

② $\frac{3}{22}=\frac{3\times3}{22\times3}=\frac{9}{66}$，$\frac{4}{33}=\frac{4\times2}{33\times2}=\frac{8}{66}$

3 ① $\frac{59}{72}$ ② $\frac{1}{4}$ ③ $\frac{19}{24}$ ④ $1\frac{2}{3}$ ⑤ $1\frac{7}{22}$

⑥ $1\frac{2}{15}$ ⑦ $\frac{7}{20}$ ⑧ $\frac{25}{36}$ ⑨ $1\frac{17}{30}$ ⑩ $1\frac{1}{42}$

⑪ $1\frac{1}{12}$ ⑫ $1\frac{1}{24}$

チェックポイント ⑫30と40の最小公倍数は120なので，120を分母にします。

計算のしかた

⑫ $\frac{17}{30}+\frac{19}{40}=\frac{68}{120}+\frac{57}{120}=\frac{\cancel{125}\,^{25}}{\cancel{120}\,_{24}}=\frac{25}{24}$

$=1\frac{1}{24}$

●19ページ

□内 ①通分 ②6 ③8 ④ $\frac{4}{3}$ ⑤ $2\frac{1}{3}$

●20ページ

1 ① $1\frac{3}{4}$ ② $1\frac{31}{40}$ ③ $1\frac{5}{6}$ ④ $1\frac{3}{5}$

⑤ $1\frac{11}{20}$ ⑥ $1\frac{23}{30}$ ⑦ $2\frac{19}{24}$ ⑧ $2\frac{22}{35}$

⑨ $3\frac{13}{15}$ ⑩ $4\frac{17}{18}$ ⑪ $2\frac{11}{18}$ ⑫ $2\frac{7}{12}$

⑬ $2\frac{3}{8}$ ⑭ $2\frac{7}{45}$ ⑮ $2\frac{1}{2}$ ⑯ $2\frac{1}{2}$ ⑰ $3\frac{5}{36}$

⑱ $3\frac{31}{40}$ ⑲ $4\frac{7}{24}$ ⑳ $5\frac{9}{20}$

チェックポイント 帯分数と真分数のたし算は，分数部分を通分して計算します。分数部分が仮分数になったときは，整数部分にくり上げます。

計算のしかた

⑮ $1\frac{5}{6}+\frac{2}{3}=1\frac{5}{6}+\frac{4}{6}=1\frac{9}{6}=2\frac{\cancel{3}\,^{1}}{\cancel{6}\,_{2}}=2\frac{1}{2}$

⑳ $\frac{13}{15}+4\frac{7}{12}=\frac{52}{60}+4\frac{35}{60}=4\frac{\cancel{87}\,^{29}}{\cancel{60}\,_{20}}=4\frac{29}{20}$

$=5\frac{9}{20}$

●21ページ

□内 ①通分 ②30 ③33 ④ $3\frac{11}{10}$

⑤ $4\frac{1}{10}$

●22ページ

1 ① $2\frac{1}{2}$ ② $2\frac{3}{10}$ ③ $3\frac{7}{8}$ ④ $3\frac{8}{9}$

⑤ $3\frac{5}{18}$ ⑥ $4\frac{27}{40}$ ⑦ $5\frac{7}{10}$ ⑧ $3\frac{8}{21}$

⑨ $7\frac{29}{30}$ ⑩ $7\frac{31}{36}$ ⑪ $6\frac{4}{21}$ ⑫ $5\frac{1}{12}$

⑬ $5\frac{7}{15}$ ⑭ $5\frac{13}{30}$ ⑮ $6\frac{27}{56}$ ⑯ $6\frac{4}{9}$

⑰ $7\frac{2}{3}$ ⑱ $8\frac{13}{45}$ ⑲ $10\frac{13}{24}$ ⑳ $12\frac{49}{60}$

チェックポイント 帯分数どうしのたし算は，整数部分と分数部分とに分けて計算します。分数部分が仮分数になったときは，整数部分にくり上げます。

計算のしかた

⑰ $4\frac{3}{4}+2\frac{11}{12}=4\frac{9}{12}+2\frac{11}{12}=6\frac{\cancel{20}\,^{5}}{\cancel{12}\,_{3}}=6\frac{5}{3}$

$=7\frac{2}{3}$

⑱ $3\frac{11}{15}+4\frac{5}{9}=3\frac{33}{45}+4\frac{25}{45}=7\frac{58}{45}=8\frac{13}{45}$

●23ページ

1 ① $1\frac{11}{12}$ ② $1\frac{5}{6}$ ③ $2\frac{29}{35}$ ④ $2\frac{17}{18}$

⑤ $3\frac{7}{10}$ ⑥ $4\frac{19}{24}$ ⑦ $2\frac{23}{30}$ ⑧ $1\frac{13}{24}$

⑨ $5\frac{43}{48}$ ⑩ $3\frac{7}{12}$ ⑪ $3\frac{3}{8}$ ⑫ $4\frac{5}{21}$

⑬ $6\frac{11}{24}$ ⑭ $5\frac{1}{6}$ ⑮ $5\frac{13}{18}$ ⑯ $5\frac{7}{24}$

⑰ $5\frac{29}{50}$ ⑱ $7\frac{7}{8}$ ⑲ $8\frac{13}{30}$ ⑳ $11\frac{31}{60}$

●24ページ

1 ① $1\frac{1}{2}$ ② $1\frac{5}{8}$ ③ $3\frac{39}{40}$ ④ $2\frac{11}{18}$

⑤ $5\frac{7}{24}$ ⑥ $5\frac{19}{60}$ ⑦ $3\frac{11}{30}$ ⑧ $6\frac{37}{72}$

⑨ $3\frac{7}{8}$ ⑩ $5\frac{31}{42}$ ⑪ $5\frac{2}{21}$ ⑫ $7\frac{5}{8}$

⑬ $7\frac{19}{30}$ ⑭ $11\frac{57}{100}$ ⑮ $2\frac{1}{3}$ ⑯ $5\frac{3}{10}$

⑰ $5\frac{5}{6}$ ⑱ $2\frac{2}{3}$ ⑲ $4\frac{3}{4}$ ⑳ $10\frac{3}{14}$

チェックポイント ⑭25と20の最小公倍数は100なので，分母を100で通分します。分母の数が大きくなるので注意しましょう。

計算のしかた

⑭ $5\frac{18}{25}+5\frac{17}{20}=5\frac{72}{100}+5\frac{85}{100}=10\frac{157}{100}$

$=11\frac{57}{100}$

●25ページ

□内 ①通分 ②24 ③4 ④ $\frac{1}{6}$

●26ページ

1 ① $\frac{1}{6}$ ② $\frac{5}{12}$ ③ $\frac{1}{2}$ ④ $\frac{1}{56}$ ⑤ $\frac{1}{9}$

⑥ $\frac{8}{15}$ ⑦ $\frac{2}{15}$ ⑧ $\frac{2}{3}$ ⑨ $\frac{3}{70}$ ⑩ $\frac{1}{2}$

⑪ $\frac{5}{24}$ ⑫ $\frac{3}{10}$ ⑬ $\frac{3}{14}$ ⑭ $\frac{3}{8}$ ⑮ $\frac{4}{9}$

⑯ $\frac{7}{12}$ ⑰ $\frac{47}{72}$ ⑱ $\frac{11}{15}$ ⑲ $\frac{1}{3}$ ⑳ $\frac{7}{20}$

チェックポイント 分母のちがう真分数のひき算は，分母の最小公倍数で通分して計算します。

計算のしかた

① $\frac{1}{2}-\frac{1}{3}=\frac{3}{6}-\frac{2}{6}=\frac{1}{6}$

③ $\frac{2}{3}-\frac{1}{6}=\frac{4}{6}-\frac{1}{6}=\frac{\overset{1}{\cancel{3}}}{\underset{2}{\cancel{6}}}=\frac{1}{2}$

⑥ $\frac{5}{6}-\frac{3}{10}=\frac{25}{30}-\frac{9}{30}=\frac{\overset{8}{\cancel{16}}}{\underset{15}{\cancel{30}}}=\frac{8}{15}$

⑧ $\frac{3}{4}-\frac{1}{12}=\frac{9}{12}-\frac{1}{12}=\frac{\overset{2}{\cancel{8}}}{\underset{3}{\cancel{12}}}=\frac{2}{3}$

●27ページ

□内 ①通分 ②15 ③3 ④ $3\frac{1}{5}$

●28ページ

1 ① $1\frac{1}{6}$ ② $1\frac{1}{10}$ ③ $1\frac{11}{24}$ ④ $2\frac{5}{18}$

⑤ $2\frac{1}{2}$ ⑥ $3\frac{1}{24}$ ⑦ $3\frac{7}{12}$ ⑧ $4\frac{1}{2}$ ⑨ $4\frac{17}{45}$

⑩ $5\frac{7}{15}$ ⑪ $5\frac{1}{18}$ ⑫ $6\frac{3}{7}$ ⑬ $8\frac{7}{22}$

⑭ $9\frac{1}{39}$ ⑮ $4\frac{1}{3}$ ⑯ $2\frac{7}{10}$ ⑰ $7\frac{23}{40}$ ⑱ $5\frac{1}{2}$

⑲ $1\frac{1}{8}$ ⑳ $3\frac{1}{3}$

チェックポイント （帯分数）−（真分数）の計算は，分数部分を通分してひきます。答えが約分できるときは約分します。

計算のしかた

⑨ $4\frac{3}{5}-\frac{2}{9}=4\frac{27}{45}-\frac{10}{45}=4\frac{17}{45}$

⑲ $1\frac{11}{24}-\frac{1}{3}=1\frac{11}{24}-\frac{8}{24}=1\frac{\overset{1}{\cancel{3}}}{\underset{8}{\cancel{24}}}=1\frac{1}{8}$

●29ページ

1 ① $\frac{3}{10}$ ② $\frac{1}{20}$ ③ $\frac{1}{6}$ ④ $\frac{1}{8}$ ⑤ $\frac{19}{30}$

⑥ $\frac{1}{90}$ ⑦ $\frac{11}{24}$ ⑧ $\frac{23}{40}$ ⑨ $1\frac{11}{20}$ ⑩ $2\frac{3}{14}$

⑪ $2\frac{1}{2}$ ⑫ $3\frac{7}{40}$ ⑬ $3\frac{3}{28}$ ⑭ $5\frac{8}{15}$ ⑮ $4\frac{2}{3}$

⑯ $2\frac{4}{45}$ ⑰ $1\frac{1}{3}$ ⑱ $2\frac{1}{7}$ ⑲ $3\frac{1}{8}$ ⑳ $4\frac{2}{21}$

●30ページ

1 ① $\frac{1}{12}$ ② $\frac{1}{2}$ ③ $\frac{2}{3}$ ④ $\frac{1}{12}$ ⑤ $\frac{1}{18}$

⑥ $\frac{3}{10}$ ⑦ $\frac{5}{21}$ ⑧ $\frac{1}{4}$ ⑨ $1\frac{13}{30}$ ⑩ $1\frac{11}{24}$

⑪ $1\frac{1}{15}$　⑫ $2\frac{1}{6}$　⑬ $3\frac{1}{5}$　⑭ $3\frac{1}{30}$　⑮ $2\frac{4}{21}$

⑯ $2\frac{3}{8}$　⑰ $4\frac{29}{63}$　⑱ $4\frac{7}{10}$　⑲ $3\frac{1}{12}$　⑳ $5\frac{1}{5}$

●31 ページ

1　① $3\frac{5}{6}$　② $2\frac{13}{21}$　③ $3\frac{17}{20}$　④ $4\frac{11}{15}$

⑤ $2\frac{29}{36}$　⑥ $4\frac{1}{14}$　⑦ $4\frac{4}{15}$　⑧ $4\frac{7}{12}$

⑨ $4\frac{14}{15}$　⑩ $5\frac{23}{60}$

2　① $\frac{4}{15}$　② $\frac{1}{24}$　③ $\frac{1}{4}$　④ $\frac{5}{16}$　⑤ $\frac{3}{10}$

⑥ $\frac{2}{15}$　⑦ $1\frac{1}{6}$　⑧ $2\frac{4}{15}$　⑨ $1\frac{2}{3}$　⑩ $3\frac{2}{15}$

●32 ページ

1　① $5\frac{7}{10}$　② $2\frac{20}{49}$　③ $3\frac{41}{60}$　④ $2\frac{17}{24}$

⑤ $3\frac{17}{21}$　⑥ $7\frac{1}{2}$　⑦ $7\frac{7}{12}$　⑧ $5\frac{1}{24}$

⑨ $4\frac{5}{18}$　⑩ $4\frac{1}{6}$

2　① $\frac{7}{20}$　② $\frac{13}{63}$　③ $\frac{1}{20}$　④ $\frac{5}{14}$　⑤ $\frac{1}{2}$

⑥ $1\frac{1}{6}$　⑦ $2\frac{2}{15}$　⑧ $1\frac{1}{2}$　⑨ $3\frac{1}{6}$　⑩ $2\frac{2}{105}$

チェックポイント　⑩ 15 と 35 の最小公倍数は 105 なので，105 を分母として通分します。

計算のしかた

⑩ $2\frac{2}{15}-\frac{4}{35}=2\frac{14}{105}-\frac{12}{105}=2\frac{2}{105}$

●33 ページ

□内　①通分　②12　③14　④9　⑤ $\frac{3}{4}$

●34 ページ

[1]　① $\frac{5}{8}$　② $\frac{2}{3}$　③ $2\frac{1}{8}$　④ $1\frac{9}{20}$　⑤ $2\frac{5}{6}$

⑥ $3\frac{2}{3}$　⑦ $\frac{11}{12}$　⑧ $\frac{7}{12}$　⑨ $\frac{11}{14}$　⑩ $\frac{33}{40}$

⑪ $\frac{1}{3}$　⑫ $\frac{7}{18}$　⑬ $1\frac{10}{21}$　⑭ $1\frac{23}{30}$　⑮ $\frac{19}{28}$

⑯ $1\frac{17}{18}$　⑰ $2\frac{1}{2}$　⑱ $3\frac{27}{40}$　⑲ $\frac{31}{40}$　⑳ $2\frac{7}{9}$

チェックポイント　ひかれる数の分数部分からひく数の分数部分がひけないときは，ひかれる数の整数部分を1くり下げて仮分数（かぶんすう）に直して計算します。

計算のしかた

⑪ $1\frac{2}{15}-\frac{4}{5}=1\frac{2}{15}-\frac{12}{15}=\frac{17}{15}-\frac{12}{15}=\frac{\overset{1}{\cancel{5}}}{\underset{3}{\cancel{15}}}$

$=\frac{1}{3}$

⑰ $3\frac{3}{10}-\frac{4}{5}=3\frac{3}{10}-\frac{8}{10}=2\frac{13}{10}-\frac{8}{10}$

$=2\frac{\overset{1}{\cancel{5}}}{\underset{2}{\cancel{10}}}=2\frac{1}{2}$

●35 ページ

□内　①通分　②24　③27　④10　⑤ $1\frac{5}{12}$

●36 ページ

[1]　① $2\frac{1}{6}$　② $1\frac{1}{3}$　③ $2\frac{1}{18}$　④ $\frac{3}{8}$　⑤ $\frac{1}{20}$

⑥ $2\frac{1}{2}$　⑦ $2\frac{1}{4}$　⑧ $\frac{1}{8}$　⑨ $\frac{19}{20}$　⑩ $1\frac{23}{24}$

⑪ $1\frac{7}{12}$　⑫ $\frac{1}{2}$　⑬ $\frac{11}{18}$　⑭ $\frac{13}{24}$　⑮ $\frac{5}{14}$

⑯ $\frac{1}{3}$　⑰ $\frac{13}{24}$　⑱ $\frac{23}{42}$　⑲ $\frac{1}{4}$　⑳ $3\frac{5}{6}$

チェックポイント　帯分数どうしのひき算は，整数部分と分数部分とに分けて計算します。ひかれる数の分数部分からひく数の分数部分がひけないときは，ひかれる数の整数部分を1くり下げて仮分数（かぶんすう）に直して計算します。

計算のしかた

⑲ $4\frac{1}{6}-3\frac{11}{12}=4\frac{2}{12}-3\frac{11}{12}=3\frac{14}{12}-3\frac{11}{12}$

$=\frac{\overset{1}{\cancel{3}}}{\underset{4}{\cancel{12}}}=\frac{1}{4}$

⑳ $5\frac{2}{15}-1\frac{3}{10}=5\frac{4}{30}-1\frac{9}{30}=4\frac{34}{30}-1\frac{9}{30}$

$=3\frac{25}{30}=3\frac{5}{6}$

●37ページ

1 ① $\frac{1}{2}$　② $1\frac{11}{18}$　③ $\frac{13}{48}$　④ $2\frac{13}{24}$

⑤ $4\frac{7}{12}$　⑥ $2\frac{13}{15}$　⑦ $3\frac{3}{5}$　⑧ $3\frac{3}{5}$　⑨ $4\frac{69}{77}$

⑩ $5\frac{28}{39}$　⑪ $1\frac{1}{15}$　⑫ $1\frac{1}{8}$　⑬ $1\frac{19}{30}$　⑭ $\frac{67}{90}$

⑮ $1\frac{3}{4}$　⑯ $2\frac{3}{14}$　⑰ $3\frac{43}{72}$　⑱ $5\frac{11}{16}$

⑲ $5\frac{17}{30}$　⑳ $2\frac{19}{36}$

●38ページ

1 ① $\frac{5}{12}$　② $\frac{1}{2}$　③ $1\frac{8}{9}$　④ $\frac{11}{21}$　⑤ $3\frac{7}{24}$

⑥ $\frac{11}{24}$　⑦ $1\frac{7}{18}$　⑧ $2\frac{7}{10}$　⑨ $1\frac{3}{7}$　⑩ $\frac{1}{2}$

⑪ $2\frac{3}{8}$　⑫ $5\frac{13}{30}$　⑬ $\frac{3}{4}$　⑭ $5\frac{17}{60}$　⑮ $4\frac{9}{16}$

⑯ $\frac{5}{6}$　⑰ $\frac{13}{24}$　⑱ $2\frac{61}{63}$　⑲ $\frac{65}{66}$　⑳ $4\frac{31}{39}$

●39ページ

□内　①通分　②10　③4　④ $\frac{2}{5}$

●40ページ

1 ① $\frac{19}{24}$　② $1\frac{7}{24}$　③ $5\frac{1}{30}$　④ $\frac{11}{12}$

⑤ $1\frac{10}{21}$　⑥ $2\frac{3}{8}$　⑦ $4\frac{4}{5}$　⑧ $3\frac{19}{24}$　⑨ $\frac{11}{36}$

⑩ $1\frac{149}{300}$

チェックポイント　3つの分数の計算も，通分して左から順に計算します。

計算のしかた

① $\frac{1}{6}+\frac{3}{8}+\frac{1}{4}=\frac{4}{24}+\frac{9}{24}+\frac{6}{24}=\frac{19}{24}$

④ $\frac{3}{4}+\frac{2}{3}-\frac{1}{2}=\frac{9}{12}+\frac{8}{12}-\frac{6}{12}=\frac{11}{12}$

⑧ $3\frac{1}{6}-1\frac{5}{8}+2\frac{1}{4}=3\frac{4}{24}-1\frac{15}{24}+2\frac{6}{24}$

$=2\frac{28}{24}-1\frac{15}{24}+2\frac{6}{24}=3\frac{19}{24}$

●41ページ

□内　①通分　②12　③ $\frac{7}{12}$　④3　⑤ $\frac{1}{4}$

●42ページ

1 ① $1\frac{13}{24}$　② $\frac{7}{12}$　③ $\frac{25}{42}$　④ $\frac{1}{18}$　⑤ $\frac{2}{9}$

⑥ $4\frac{1}{3}$　⑦ $3\frac{2}{35}$　⑧ $4\frac{4}{13}$　⑨ $5\frac{1}{4}$　⑩ $\frac{33}{40}$

チェックポイント　かっこのある計算は，かっこの中を先に計算します。

計算のしかた

② $\frac{1}{2}+\left(\frac{5}{6}-\frac{3}{4}\right)=\frac{1}{2}+\left(\frac{10}{12}-\frac{9}{12}\right)=\frac{1}{2}+\frac{1}{12}$

$=\frac{6}{12}+\frac{1}{12}=\frac{7}{12}$

⑨ $7\frac{17}{20}-\left(3-\frac{2}{5}\right)=7\frac{17}{20}-\left(2\frac{5}{5}-\frac{2}{5}\right)$

$=7\frac{17}{20}-2\frac{3}{5}=7\frac{17}{20}-2\frac{12}{20}=5\frac{5}{20}$

$=5\frac{1}{4}$

⑩ $6\frac{1}{5}-\left(3\frac{1}{2}+1\frac{7}{8}\right)=6\frac{1}{5}-\left(3\frac{4}{8}+1\frac{7}{8}\right)$

$=6\frac{1}{5}-4\frac{11}{8}=6\frac{1}{5}-5\frac{3}{8}=6\frac{8}{40}-5\frac{15}{40}$

$=5\frac{48}{40}-5\frac{15}{40}=\frac{33}{40}$

●43ページ

1 ① $1\frac{13}{30}$　② $6\frac{11}{28}$　③ $\frac{13}{18}$　④ $3\frac{11}{28}$

⑤ $7\frac{19}{30}$　⑥ $8\frac{1}{14}$　⑦ $\frac{17}{24}$　⑧ $5\frac{23}{60}$

⑨ $2\frac{17}{18}$　⑩ $\frac{23}{30}$

チェックポイント　⑥整数から分数をひくときは，整数を１くり下げてひく分数と同じ分母の帯分数に直してからひきます。

計算のしかた

⑥$7-1\frac{3}{7}+2\frac{1}{2}=6\frac{14}{14}-1\frac{6}{14}+2\frac{7}{14}=7\frac{15}{14}$

$=8\frac{1}{14}$

●44ページ

1　①$1\frac{17}{24}$　②$\frac{7}{18}$　③1　④2　⑤$5\frac{4}{5}$

⑥$2\frac{1}{7}$　⑦$\frac{35}{36}$　⑧$4\frac{5}{12}$　⑨$4\frac{31}{44}$　⑩$4\frac{25}{48}$

チェックポイント　③計算の結果，分数部分が0になったときは，答えは整数になります。

計算のしかた

③$2\frac{7}{15}-\frac{2}{3}-\frac{4}{5}=2\frac{7}{15}-\frac{10}{15}-\frac{12}{15}$

$=1\frac{22}{15}-\frac{10}{15}-\frac{12}{15}=1$

●45ページ

1　①$\frac{5}{8}$　②$1\frac{3}{4}$　③$\frac{9}{10}$　④$2\frac{23}{24}$　⑤$1\frac{5}{6}$

⑥$1\frac{3}{4}$　⑦$3\frac{13}{36}$　⑧$1\frac{83}{90}$

チェックポイント　分母のちがう分数のひき算は，通分して計算します。ひかれる数の分数部分からひく数の分数部分がひけないときは，ひかれる数の整数部分を１くり下げて仮分数（かぶんすう）に直して計算します。

計算のしかた

④$3\frac{7}{12}-\frac{5}{8}=3\frac{14}{24}-\frac{15}{24}=2\frac{38}{24}-\frac{15}{24}=2\frac{23}{24}$

⑧$5\frac{8}{15}-3\frac{11}{18}=5\frac{48}{90}-3\frac{55}{90}$

$=4\frac{138}{90}-3\frac{55}{90}=1\frac{83}{90}$

2　①$5\frac{19}{24}$　②$6\frac{37}{63}$　③$3\frac{16}{63}$　④$1\frac{37}{66}$

●46ページ

1　①$\frac{19}{24}$　②$1\frac{3}{56}$　③$4\frac{5}{9}$　④$1\frac{2}{5}$　⑤$2\frac{17}{24}$

⑥$1\frac{7}{20}$　⑦$\frac{13}{24}$　⑧$1\frac{23}{30}$

チェックポイント　（整数）−（帯分数）の計算は，整数を帯分数に直してひきます。

計算のしかた

③$5-\frac{4}{9}=4\frac{9}{9}-\frac{4}{9}=4\frac{5}{9}$

④$4-2\frac{3}{5}=3\frac{5}{5}-2\frac{3}{5}=1\frac{2}{5}$

2　①$4\frac{5}{24}$　②$\frac{29}{36}$　③$\frac{2}{9}$　④$4\frac{7}{12}$

チェックポイント　④かっこの中を先に計算してから，左から順に計算します。

計算のしかた

④$4\frac{1}{2}-\left(4-3\frac{1}{3}\right)+\frac{3}{4}=4\frac{1}{2}-\left(3\frac{3}{3}-3\frac{1}{3}\right)+\frac{3}{4}$

$=4\frac{1}{2}-\frac{2}{3}+\frac{3}{4}=4\frac{6}{12}-\frac{8}{12}+\frac{9}{12}$

$=4\frac{15}{12}-\frac{8}{12}=4\frac{7}{12}$

●47ページ

□内　①0.66…　②3　③2　④$\frac{2}{3}$

●48ページ

1　①$\frac{3}{5}$　②$\frac{4}{7}$　③$\frac{5}{11}$　④$\frac{7}{13}$　⑤$\frac{3}{7}$

⑥$\frac{8}{15}$　⑦$\frac{5}{12}$　⑧$\frac{9}{16}$　⑨$1\frac{1}{5}$　⑩$1\frac{3}{4}$

⑪$1\frac{5}{7}$　⑫$1\frac{5}{6}$　⑬$2\frac{4}{13}$　⑭$2\frac{16}{17}$　⑮$\frac{6}{1}$

⑯$2\frac{1}{4}$

チェックポイント　わり算の商は分数で表すことができます。

●÷■＝$\frac{●}{■}$　…わられる数／…わる数

わり算の商を分数で表すと，わり切れないときでも商を正確に表すことができます。

計算のしかた

① $3\div5=\frac{3}{5}$

⑧ $9\div16=\frac{9}{16}$

⑭ $50\div17=\frac{50}{17}=2\frac{16}{17}$

2 ①4　②7　③9，9　④1

チェックポイント　分数は分子を分母でわった商を表す数とみることができます。

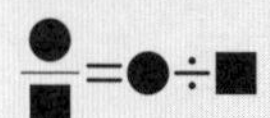

計算のしかた

③ $2\frac{1}{4}=\frac{9}{4}=9\div4$

●49ページ

□内　①5　②0.4　③仮分数（かぶんすう）　④7

⑤1.4　⑥73　⑦ $\frac{1}{100}$　⑧ $\frac{73}{100}$　⑨1　⑩ $\frac{3}{1}$

●50ページ

1 ①0.5　②0.7　③1.375　④2.8

⑤1.25　⑥5

チェックポイント　分数を小数や整数で表すには，分子を分母でわります。

計算のしかた

① $\frac{1}{2}=1\div2=0.5$

③ $\frac{11}{8}=11\div8=1.375$

④ $2\frac{4}{5}=2+\frac{4}{5}=2+4\div5=2+0.8=2.8$

2 ① $\frac{3}{10}$　② $\frac{4}{5}$　③ $\frac{11}{100}$　④ $\frac{11}{20}$　⑤ $1\frac{1}{2}$

⑥ $3\frac{3}{20}$　⑦ $\frac{4}{1}$　⑧ $\frac{6}{1}$

チェックポイント　0.1は $\frac{1}{10}$，0.01は $\frac{1}{100}$，0.001は $\frac{1}{1000}$ であることを利用して，小数を分母が10，100，1000の分数で表すことができます。

計算のしかた

⑤ $1.5=1\frac{\overset{1}{\cancel{5}}}{\underset{2}{\cancel{10}}}=1\frac{1}{2}$

⑥ $3.15=3\frac{\overset{3}{\cancel{15}}}{\underset{20}{\cancel{100}}}=3\frac{3}{20}$

3 ①1.22　②3.14　③1.17　④2.67

チェックポイント　上から3けたのがい数にするには，4けた目まで計算して，4けた目の数を四捨五入（ししゃごにゅう）します。

計算のしかた

② $3\frac{1}{7}=\frac{22}{7}=22\div7=3.14\cancel{2}\cdots$

③ $\frac{7}{6}=7\div6=1.1\overset{7}{\cancel{66}}\cdots$

●51ページ

1 ①7　②4　③6　④16，9

2 ①0.48　②1.75　③2.625　④9

⑤ $\frac{9}{10}$　⑥ $1\frac{7}{10}$　⑦ $\frac{37}{100}$　⑧ $3\frac{1}{50}$

⑨ $\frac{23}{125}$　⑩ $\frac{9}{1}$

計算のしかた

③ $\frac{5}{8}=5\div8=0.625$　$2\frac{5}{8}=2+\frac{5}{8}=2.625$

⑧ $3.02=3\frac{\overset{1}{\cancel{2}}}{\underset{50}{\cancel{100}}}=3\frac{1}{50}$

3 ① $<$　② $<$　③ $>$　④ $<$　⑤ $>$　⑥ $<$

チェックポイント　小数と分数で表された数の大きさを比べるには，小数どうしまたは分数どうしになるように直します。

計算のしかた

④ $\frac{7}{8}=7\div8=0.875$ だから，$\frac{7}{8}<0.9$

⑤ $\frac{4}{15}=4\div15=0.26\cdots$ だから，$0.27>\frac{4}{15}$

●52 ページ

1 ①9　②13　③5　④3，4

2 ①0.2　②1.3125　③1.125　④2.48

⑤ $\frac{7}{10}$　⑥ $\frac{99}{100}$　⑦ $2\frac{1}{2}$　⑧ $2\frac{67}{100}$

⑨ $2\frac{13}{25}$　⑩ $\frac{19}{40}$

3 ①2.17　②1.44　③1.14　④3.33

計算のしかた

① $\frac{13}{6}=13\div6=2.1\overset{7}{\cancel{6}}\cancel{6}\cdots$

② $1\frac{4}{9}=\frac{13}{9}=13\div9=1.44\cancel{4}\cdots$

●53 ページ

□内　① $1\frac{7}{10}$　②通分　③30　④1

⑤ $1\frac{1}{30}$

●54 ページ

1 ① $\frac{4}{5}$(0.8)　② $\frac{1}{3}$　③ $\frac{12}{25}$(0.48)　④ $\frac{11}{15}$

⑤ $3\frac{7}{12}$　⑥ $1\frac{5}{6}$　⑦ $2\frac{7}{20}$(2.35)　⑧ $2\frac{31}{70}$

⑨ $5\frac{4}{5}$(5.8)　⑩ $5\frac{13}{60}$

チェックポイント　小数・分数の混じった計算は，小数を分数に直すといつでもできますが，①のように小数にそろえた方が楽に計算できるときがあります。

計算のしかた

① $\frac{1}{2}+0.3=\frac{1}{2}+\frac{3}{10}=\frac{5}{10}+\frac{3}{10}=\frac{\overset{4}{\cancel{8}}}{\underset{5}{\cancel{10}}}=\frac{4}{5}$

$\frac{1}{2}+0.3=0.5+0.3=0.8$

⑦ $\frac{3}{4}+1.6=\frac{3}{4}+1\frac{3}{5}=\frac{15}{20}+1\frac{12}{20}=1\frac{27}{20}$

$=2\frac{7}{20}$

$\frac{3}{4}+1.6=0.75+1.6=2.35$

⑨ $3\frac{2}{5}+2.4=3\frac{2}{5}+2\frac{2}{5}=5\frac{4}{5}$

$3\frac{2}{5}+2.4=3.4+2.4=5.8$

2 ① $\frac{1}{3}$　② $\frac{11}{30}$　③ $\frac{7}{20}$(0.35)　④ $\frac{7}{24}$

⑤ $\frac{19}{20}$(0.95)　⑥ $1\frac{1}{6}$　⑦ $\frac{1}{3}$

⑧ $1\frac{27}{40}$(1.675)　⑨ $\frac{1}{3}$　⑩ $1\frac{11}{16}$

計算のしかた

③ $\frac{3}{5}-0.25=\frac{12}{20}-\frac{5}{20}=\frac{7}{20}$

$\frac{3}{5}-0.25=0.6-0.25=0.35$

⑤ $1\frac{1}{4}-0.3=1\frac{5}{20}-\frac{6}{20}=\frac{25}{20}-\frac{6}{20}=\frac{19}{20}$

$1\frac{1}{4}-0.3=1.25-0.3=0.95$

⑧ $2.375-\frac{7}{10}=2\frac{15}{40}-\frac{28}{40}=1\frac{55}{40}-\frac{28}{40}$

$=1\frac{27}{40}$

$2.375-\frac{7}{10}=2.375-0.7=1.675$

●55 ページ

□内　①75　② $\frac{3}{4}$　③通分　④20　⑤9

⑥ $\frac{9}{20}$

●56 ページ

1 ① $1\frac{21}{40}$(1.525)　②2　③ $2\frac{5}{6}$　④ $\frac{17}{18}$

⑤ $\frac{17}{20}$(0.85)　⑥ $1\frac{3}{4}$　⑦ $1\frac{1}{4}$(1.25)

⑧ $1\frac{23}{40}$(1.575)　⑨ $1\frac{1}{10}$　⑩ $1\frac{3}{5}$

計算のしかた

① $\frac{5}{8}+0.4+\frac{1}{2}=\frac{5}{8}+\frac{2}{5}+\frac{1}{2}=\frac{25}{40}+\frac{16}{40}+\frac{20}{40}$

$=1\frac{21}{40}$

$\frac{5}{8}+0.4+\frac{1}{2}=0.625+0.4+0.5=1.525$

⑤ $1\frac{2}{5}+\frac{1}{4}-0.8=1\frac{2}{5}+\frac{1}{4}-\frac{4}{5}$

$=1\frac{8}{20}+\frac{5}{20}-\frac{16}{20}=\frac{28}{20}+\frac{5}{20}-\frac{16}{20}$

$=\frac{17}{20}$

$1\frac{2}{5}+\frac{1}{4}-0.8=1.4+0.25-0.8=0.85$

⑦ $1\frac{2}{5}-0.9+\frac{3}{4}=1\frac{2}{5}-\frac{9}{10}+\frac{3}{4}$

$=1\frac{8}{20}-\frac{18}{20}+\frac{15}{20}=1\frac{\overset{1}{\cancel{5}}}{\underset{4}{\cancel{20}}}=1\frac{1}{4}$

$1\frac{2}{5}-0.9+\frac{3}{4}=1.4-0.9+0.75=1.25$

⑧ $2\frac{7}{8}-1.8+\frac{1}{2}=2\frac{7}{8}-1\frac{4}{5}+\frac{1}{2}$

$=2\frac{35}{40}-1\frac{32}{40}+\frac{20}{40}=1\frac{23}{40}$

$2\frac{7}{8}-1.8+\frac{1}{2}=2.875-1.8+0.5=1.575$

●57ページ

1 ① $\frac{13}{15}$ ② $1\frac{41}{56}$ ③ $4\frac{7}{24}$ ④ $2\frac{7}{45}$

⑤ $5\frac{13}{30}$ ⑥ $\frac{7}{12}$ ⑦ $2\frac{1}{2}$(2.5) ⑧ $\frac{19}{28}$

⑨ $1\frac{23}{24}$ ⑩ $2\frac{13}{60}$

2 ① $1\frac{11}{12}$ ② $5\frac{1}{30}$ ③ $2\frac{43}{70}$ ④ $4\frac{3}{10}$

⑤ $\frac{23}{24}$

●58ページ

1 ① $4\frac{13}{24}$ ② $1\frac{4}{5}$(1.8) ③ $4\frac{7}{72}$

④ $\frac{27}{50}$(0.54) ⑤ $1\frac{71}{150}$

2 ① $\frac{49}{50}$(0.98) ② $2\frac{8}{9}$ ③ $1\frac{17}{24}$ ④ $2\frac{44}{75}$

⑤ $1\frac{41}{45}$

チェックポイント かっこのある計算は，かっこの中を先に計算します。

計算のしかた

④ $3\frac{2}{5}-\left(2.28-1\frac{7}{15}\right)=3\frac{2}{5}-\left(2\frac{21}{75}-1\frac{35}{75}\right)$

$=3\frac{2}{5}-\left(1\frac{96}{75}-1\frac{35}{75}\right)=3\frac{30}{75}-\frac{61}{75}$

$=2\frac{105}{75}-\frac{61}{75}=2\frac{44}{75}$

●59ページ

1 ①6 ②24，4 ③5 ④11，6 ⑤10

⑥100，17 ⑦100，13 ⑧1，1

⑨100，8 ⑩2，2

2 ① $1\frac{1}{26}$ ② $2\frac{19}{30}$ ③ $3\frac{7}{75}$ ④ $3\frac{6}{35}$

⑤ $6\frac{7}{104}$ ⑥ $\frac{2}{55}$ ⑦ $\frac{31}{36}$ ⑧ $1\frac{61}{75}$

⑨ $2\frac{1}{50}$(2.02) ⑩ $2\frac{13}{24}$

●60ページ

1 ①0.56 ②2.25 ③3.375 ④4

2 ①1.71 ②1.22

3 ①$>$ ②$<$ ③$=$ ④$>$

計算のしかた

① $\frac{4}{5}=0.8$ だから，$\frac{4}{5}>0.75$

② $1\frac{5}{12}=1.41\cdots$ だから，$1\frac{5}{12}<1.42$

③ $3\frac{1}{4}=3.25$ だから，$3.25=3\frac{1}{4}$

④ $2\frac{1}{9}=2.111\cdots$ だから，$2\frac{1}{9}>2.11$

4 ① $3\frac{13}{30}$ ② $1\frac{27}{28}$ ③ $5\frac{5}{56}$ ④ $2\frac{17}{48}$

進級テスト(1)

●61ページ

1 ① $\frac{7}{18}$　② $1\frac{9}{20}$　③ $2\frac{4}{9}$　④ $5\frac{2}{5}$　⑤ $6\frac{19}{24}$

⑥ $\frac{11}{24}$　⑦ $\frac{9}{10}$　⑧ $1\frac{2}{3}$　⑨ $\frac{7}{18}$　⑩ $3\frac{41}{72}$

チェックポイント　分母のちがう分数のたし算，ひき算は，通分して分母を同じにして計算します。分母はそのままで，分子どうしをたしたりひいたりします。

計算のしかた

① $\frac{1}{9}+\frac{5}{18}=\frac{2}{18}+\frac{5}{18}=\frac{7}{18}$

② $\frac{13}{15}+\frac{7}{12}=\frac{52}{60}+\frac{35}{60}=\frac{\overset{29}{\cancel{87}}}{\underset{20}{\cancel{60}}}=\frac{29}{20}=1\frac{9}{20}$

③ $1\frac{7}{9}+\frac{2}{3}=1\frac{7}{9}+\frac{6}{9}=1\frac{13}{9}=2\frac{4}{9}$

④ $1\frac{1}{2}+3\frac{9}{10}=1\frac{5}{10}+3\frac{9}{10}=4\frac{\overset{7}{\cancel{14}}}{\underset{5}{\cancel{10}}}=4\frac{7}{5}$

$=5\frac{2}{5}$

⑤ $3\frac{11}{12}+2\frac{7}{8}=3\frac{22}{24}+2\frac{21}{24}=5\frac{43}{24}=6\frac{19}{24}$

⑥ $\frac{5}{8}-\frac{1}{6}=\frac{15}{24}-\frac{4}{24}=\frac{11}{24}$

⑦ $1\frac{1}{5}-\frac{3}{10}=1\frac{2}{10}-\frac{3}{10}=\frac{12}{10}-\frac{3}{10}=\frac{9}{10}$

⑧ $2\frac{5}{12}-\frac{3}{4}=2\frac{5}{12}-\frac{9}{12}=1\frac{17}{12}-\frac{9}{12}$

$=1\frac{\overset{2}{\cancel{8}}}{\underset{3}{\cancel{12}}}=1\frac{2}{3}$

⑨ $4\frac{2}{9}-3\frac{5}{6}=4\frac{4}{18}-3\frac{15}{18}=3\frac{22}{18}-3\frac{15}{18}$

$=\frac{7}{18}$

⑩ $6\frac{7}{24}-2\frac{13}{18}=6\frac{21}{72}-2\frac{52}{72}=5\frac{93}{72}-2\frac{52}{72}$

$=3\frac{41}{72}$

2 ① $\frac{7}{10}$(0.7)　② $1\frac{1}{200}$(1.005)

③ $2\frac{4}{25}$(2.16)　④ $1\frac{59}{500}$(1.118)

⑤ $1\frac{1}{6}$　⑥ $1\frac{15}{28}$　⑦ $\frac{7}{15}$　⑧ $\frac{3}{16}$(0.1875)

計算のしかた

① $0.3+\frac{2}{5}=\frac{3}{10}+\frac{2}{5}=\frac{3}{10}+\frac{4}{10}=\frac{7}{10}$

$0.3+\frac{2}{5}=0.3+0.4=0.7$

③ $2\frac{1}{2}-0.34=2\frac{1}{2}-\frac{17}{50}=2\frac{25}{50}-\frac{17}{50}$

$=2\frac{\overset{4}{\cancel{8}}}{\underset{25}{\cancel{50}}}=2\frac{4}{25}$

$2\frac{1}{2}-0.34=2.5-0.34=2.16$

⑥ $1.25+\frac{2}{7}=1\frac{1}{4}+\frac{2}{7}=1\frac{7}{28}+\frac{8}{28}=1\frac{15}{28}$

⑧ $1.8125-1\frac{5}{8}=1\frac{13}{16}-1\frac{5}{8}=1\frac{13}{16}-1\frac{10}{16}$

$=\frac{3}{16}$

$1.8125-1\frac{5}{8}=1.8125-1.625=0.1875$

3 2.04

チェックポイント　5÷6 の計算をして $\frac{1}{1000}$ の位まで求め，四捨五入(ししゃごにゅう)します。

計算のしかた

$\frac{5}{6}=5\div6=0.83\cancel{3}\cdots$ だから，

$\frac{5}{6}+1.21=0.83+1.21=2.04$

●62ページ

4 ① $5\frac{5}{18}$　② $\frac{43}{48}$　③ $\frac{5}{24}$　④ $1\frac{5}{6}$　⑤ $\frac{2}{9}$

計算のしかた

① $\frac{5}{6}+1\frac{2}{3}+2\frac{7}{9}=\frac{15}{18}+1\frac{12}{18}+2\frac{14}{18}$

$=3\frac{41}{18}=5\frac{5}{18}$

② $3\frac{3}{16}-\left(1\frac{5}{12}+\frac{7}{8}\right)=3\frac{3}{16}-\left(1\frac{10}{24}+\frac{21}{24}\right)$

$=3\frac{3}{16}-2\frac{7}{24}=3\frac{9}{48}-2\frac{14}{48}$

$=2\frac{57}{48}-2\frac{14}{48}=\frac{43}{48}$

③ $1\frac{1}{8}-\left(4\frac{1}{6}-3\frac{1}{4}\right)=1\frac{1}{8}-\left(4\frac{2}{12}-3\frac{3}{12}\right)$

$=1\frac{1}{8}-\left(3\frac{14}{12}-3\frac{3}{12}\right)=1\frac{1}{8}-\frac{11}{12}$

$=1\frac{3}{24}-\frac{22}{24}=\frac{27}{24}-\frac{22}{24}=\frac{5}{24}$

④ $\frac{1}{3}+0.7+0.8=\frac{1}{3}+1.5=\frac{1}{3}+1\frac{1}{2}$

$=\frac{2}{6}+1\frac{3}{6}=1\frac{5}{6}$

⑤ $\left(4\frac{5}{9}-2.5\right)-1\frac{5}{6}=\left(4\frac{5}{9}-2\frac{1}{2}\right)-1\frac{5}{6}$

$=\left(4\frac{10}{18}-2\frac{9}{18}\right)-1\frac{5}{6}=2\frac{1}{18}-1\frac{5}{6}$

$=2\frac{1}{18}-1\frac{15}{18}=1\frac{19}{18}-1\frac{15}{18}=\frac{\overset{2}{\cancel{4}}}{\underset{9}{\cancel{18}}}=\frac{2}{9}$

5 ①0.84　②0.625　③7　④8

チェックポイント　分数の分子を分母でわれば，分数を小数や整数で表すことができます。

計算のしかた

① $\frac{21}{25}=21\div25=0.84$

② $\frac{5}{8}=5\div8=0.625$

③ $\frac{42}{6}=42\div6=7$

④ $\frac{72}{9}=72\div9=8$

6 ① $1\frac{7}{45}$　② $3\frac{3}{16}$　③ $1\frac{3}{8}$

チェックポイント　分数を小数に直して計算するやり方もありますが，$\frac{2}{9}=0.22\cdots$ のように小数で表せない分数があります。小数はいつでも分数に直すことができます。

計算のしかた

① $2\frac{2}{9}+1.6-2\frac{2}{3}=2\frac{10}{45}+1\frac{27}{45}-2\frac{30}{45}$

$=3\frac{37}{45}-2\frac{30}{45}=1\frac{7}{45}$

② $1\frac{5}{12}-\frac{2}{3}+2.4375=1\frac{20}{48}-\frac{32}{48}+2\frac{21}{48}$

$=\frac{36}{48}+2\frac{21}{48}=2\frac{57}{48}=3\frac{9}{48}=3\frac{3}{16}$

③ $2.125-\frac{1}{9}-\frac{23}{36}=2\frac{9}{72}-\frac{8}{72}-\frac{46}{72}$

$=2\frac{1}{72}-\frac{46}{72}=1\frac{27}{72}=1\frac{3}{8}$

進級テスト(2)

●63ページ

1 ① $\frac{11}{15}$　② $1\frac{2}{9}$　③ $2\frac{5}{6}$　④ $4\frac{1}{12}$　⑤ $6\frac{13}{15}$

⑥ $\frac{11}{35}$　⑦ $\frac{3}{4}$　⑧ $1\frac{1}{6}$　⑨ $1\frac{19}{24}$　⑩ $2\frac{1}{20}$

チェックポイント　通分するときは，分母の数の最小公倍数を分母にします。

計算のしかた

① $\frac{1}{3}+\frac{2}{5}=\frac{5}{15}+\frac{6}{15}=\frac{11}{15}$

② $\frac{2}{3}+\frac{5}{9}=\frac{6}{9}+\frac{5}{9}=\frac{11}{9}=1\frac{2}{9}$

③ $1\frac{2}{3}+1\frac{1}{6}=1\frac{4}{6}+1\frac{1}{6}=2\frac{5}{6}$

④ $1\frac{3}{4}+2\frac{1}{3}=1\frac{9}{12}+2\frac{4}{12}=3\frac{13}{12}=4\frac{1}{12}$

⑤ $2\frac{1}{6}+4\frac{7}{10}=2\frac{5}{30}+4\frac{21}{30}=6\frac{\overset{13}{\cancel{26}}}{\underset{15}{\cancel{30}}}=6\frac{13}{15}$

⑥ $\frac{3}{5}-\frac{2}{7}=\frac{21}{35}-\frac{10}{35}=\frac{11}{35}$

⑦ $\frac{5}{6}-\frac{1}{12}=\frac{10}{12}-\frac{1}{12}=\frac{\overset{3}{\cancel{9}}}{\underset{4}{\cancel{12}}}=\frac{3}{4}$

⑧ $2\frac{7}{10}-1\frac{8}{15}=2\frac{21}{30}-1\frac{16}{30}=1\frac{\overset{1}{\cancel{5}}}{\underset{6}{\cancel{30}}}=1\frac{1}{6}$

⑨ $4\frac{5}{8}-2\frac{5}{6}=4\frac{15}{24}-2\frac{20}{24}=3\frac{39}{24}-2\frac{20}{24}$

$=1\frac{19}{24}$

⑩ $2\frac{7}{12}-\frac{8}{15}=2\frac{35}{60}-\frac{32}{60}=2\frac{\overset{1}{\cancel{3}}}{\underset{20}{\cancel{60}}}=2\frac{1}{20}$

2 ① 0.4　② 3　③ 1.625　④ 5.75　⑤ $\frac{8}{25}$

⑥ $\frac{7}{125}$　⑦ $1\frac{3}{8}$　⑧ $\frac{22}{25}$

計算のしかた

① $\frac{2}{5}=2\div5=0.4$

② $\frac{9}{3}=9\div3=3$

③ $1\frac{5}{8}=13\div8=1.625$

④ $\frac{23}{4}=23\div4=5.75$

⑤ $0.32=\frac{\overset{8}{\cancel{32}}}{\underset{25}{\cancel{100}}}=\frac{8}{25}$

⑥ $0.056=\frac{\overset{7}{\cancel{56}}}{\underset{125}{\cancel{1000}}}=\frac{7}{125}$

⑦ $1.375=1\frac{\overset{3}{\cancel{375}}}{\underset{8}{\cancel{1000}}}=1\frac{3}{8}$

⑧ $0.88=\frac{\overset{22}{\cancel{88}}}{\underset{25}{\cancel{100}}}=\frac{22}{25}$

3 ① $>$　② $<$

チェックポイント　分数を小数に直して比べるほうがかんたんです。

計算のしかた

① $\frac{5}{6}=5\div6=0.83\cdots$ だから，

$0.84>\frac{5}{6}$

② $1\frac{4}{11}=\frac{15}{11}=15\div11=1.36\cdots$ だから，

$1.35<1\frac{4}{11}$

●64ページ

4 ① 3　② $3\frac{3}{4}$　③ $1\frac{13}{18}$　④ $2\frac{1}{28}$　⑤ $1\frac{2}{5}$

⑥ $1\frac{1}{9}$

チェックポイント　(整数)−(帯分数) の計算は，整数を通分した分母の帯分数に直すと計算しやすくなります。

計算のしかた

① $\frac{2}{3}+\frac{1}{2}+1\frac{5}{6}=\frac{4}{6}+\frac{3}{6}+1\frac{5}{6}=1\frac{\overset{2}{\cancel{12}}}{\underset{1}{\cancel{6}}}=1+2$

$=3$

② $1\frac{4}{5}-\frac{3}{10}+2\frac{1}{4}=1\frac{16}{20}-\frac{6}{20}+2\frac{5}{20}$

$=3\frac{\cancel{15}^{3}}{\cancel{20}_{4}}=3\frac{3}{4}$

③ $\frac{4}{9}+1\frac{2}{3}-\frac{7}{18}=\frac{8}{18}+1\frac{12}{18}-\frac{7}{18}=1\frac{13}{18}$

④ $4-2\frac{5}{7}+\frac{3}{4}=4-2\frac{20}{28}+\frac{21}{28}$

$=4\frac{21}{28}-2\frac{20}{28}=2\frac{1}{28}$

⑤ $2\frac{2}{3}-\left(\frac{4}{5}+\frac{7}{15}\right)=2\frac{2}{3}-\left(\frac{12}{15}+\frac{7}{15}\right)$

$=2\frac{10}{15}-1\frac{4}{15}=1\frac{\cancel{6}^{2}}{\cancel{15}_{5}}=1\frac{2}{5}$

⑥ $\left(1\frac{5}{6}+\frac{7}{9}\right)-1\frac{1}{2}=\left(1\frac{15}{18}+\frac{14}{18}\right)-1\frac{1}{2}$

$=1\frac{29}{18}-1\frac{9}{18}=\frac{\cancel{20}^{10}}{\cancel{18}_{9}}=\frac{10}{9}=1\frac{1}{9}$

5 ① $\frac{1}{4}$ (0.25) ② $\frac{5}{12}$ ③ $3\frac{1}{15}$ ④ $\frac{17}{24}$

⑤ $2\frac{43}{75}$ ⑥ $3\frac{27}{100}$ (3.27) ⑦ $5\frac{19}{120}$

⑧ $1\frac{37}{75}$ ⑨ $1\frac{149}{160}$ ⑩ $4\frac{13}{240}$

計算のしかた

① $\frac{3}{4}-0.5=\frac{3}{4}-\frac{1}{2}=\frac{3}{4}-\frac{2}{4}=\frac{1}{4}$

$\frac{3}{4}-0.5=0.75-0.5=0.25$

② $\frac{1}{6}+0.25=\frac{1}{6}+\frac{1}{4}=\frac{2}{12}+\frac{3}{12}=\frac{5}{12}$

③ $2.4+\frac{2}{3}=2\frac{2}{5}+\frac{2}{3}=2\frac{6}{15}+\frac{10}{15}=2\frac{16}{15}$

$=3\frac{1}{15}$

④ $1\frac{5}{6}-1.125=1\frac{5}{6}-1\frac{1}{8}=1\frac{20}{24}-1\frac{3}{24}$

$=\frac{17}{24}$

⑤ $2.76-\frac{14}{75}=2\frac{57}{75}-\frac{14}{75}=2\frac{43}{75}$

⑥ $\frac{9}{20}+2.82=\frac{45}{100}+2\frac{82}{100}=2\frac{127}{100}$

$=3\frac{27}{100}$

$\frac{9}{20}+2.82=0.45+2.82=3.27$

⑦ $2.675+2\frac{29}{60}=2\frac{81}{120}+2\frac{58}{120}=4\frac{139}{120}$

$=5\frac{19}{120}$

⑧ $3\frac{13}{30}-1.94=3\frac{65}{150}-1\frac{141}{150}$

$=2\frac{215}{150}-1\frac{141}{150}=1\frac{74}{150}=1\frac{37}{75}$

⑨ $4.775-2\frac{27}{32}=4\frac{124}{160}-2\frac{135}{160}$

$=3\frac{284}{160}-2\frac{135}{160}=1\frac{149}{160}$

⑩ $2\frac{7}{60}+1.9375=2\frac{28}{240}+1\frac{225}{240}$

$=3\frac{253}{240}=4\frac{13}{240}$